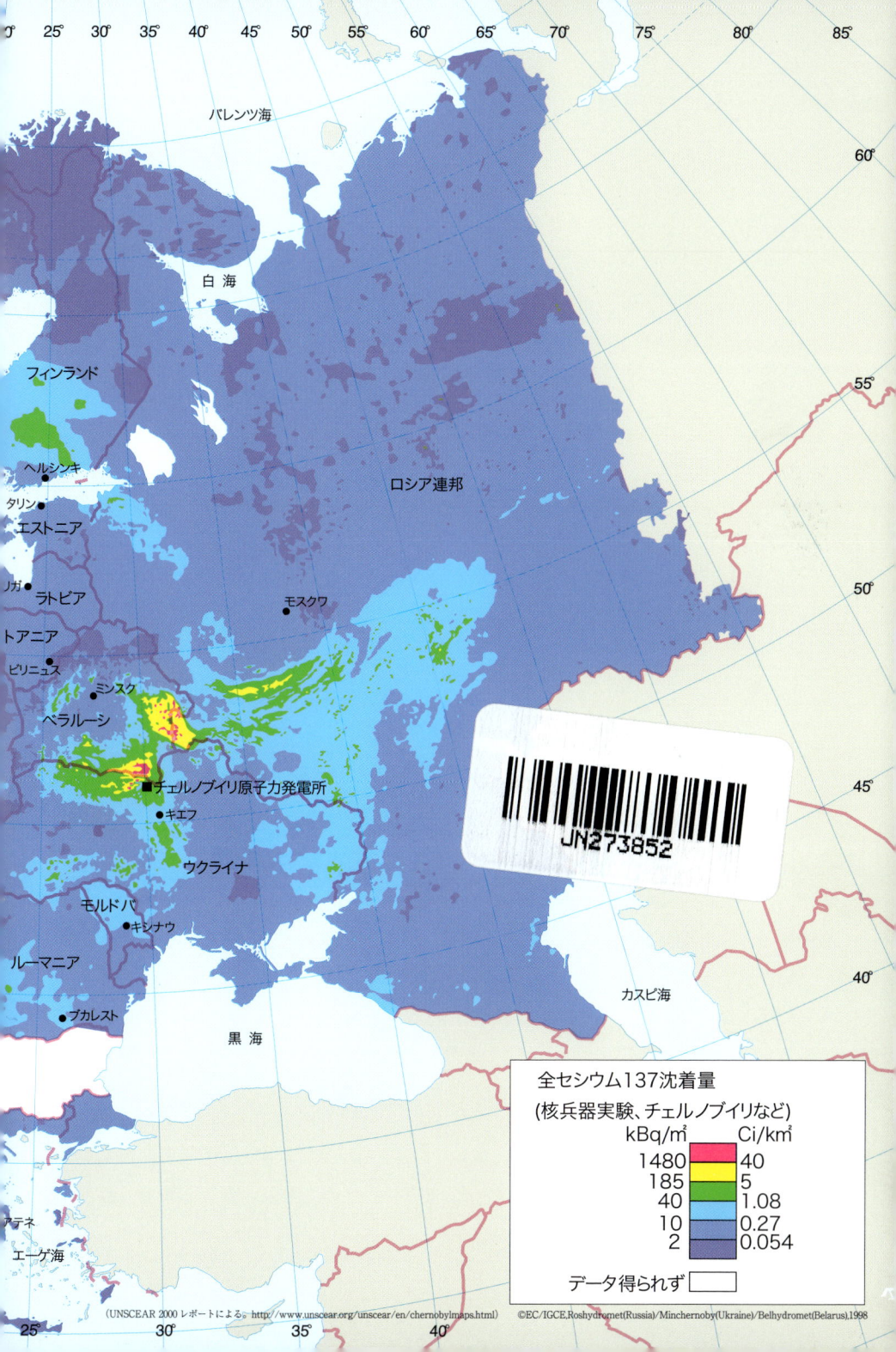

淡水魚の放射能

川と湖の魚たちにいま何が起きているのか

水口憲哉　東京海洋大学名誉教授／資源維持研究所主宰
　　　　　東電福島第一原発事故　国会事故調査委員会参考人

フライの雑誌社

はじめに

○日本各地の沿岸漁民と共に原発をたてさせない取り組みを40年近くやってきたが、原発の大事故によってこれほどの魚介類の放射能汚染が起るとは考えていなかった。3.11以来海の水産物の放射能汚染への対応に追われた一年だったが、淡水魚の放射能汚染にはあまり関心をもたなかった。

○日本の原発は全て海岸にたてられ、淡水魚の放射能汚染を心配する人も少なく、研究報告もほとんどない。チェルノブイリ原発事故のときにヨーロッパの淡水魚でいろいろ研究されているということはぼんやりわかっていたが、日本の原発温廃水の漁業への影響の調査などに忙しく、深く追求することはしていなかった。

○海産魚におくれて、淡水魚では1年後にセシウムの計測値がピークをむかえ、ヤマメでは体重1キロ当たり18700ベクレルという、海産魚でも見られないような高い値が計測された。しかしこれに近い値はチェルノブイリ事故の年1986年の9月にノルウェーのマス（ブラウントラウト）で観測されている。

○今淡水魚の放射能について調べ始めての想いは、私はヨーロッパで25年前に何が起こったのかを全く知らなかったということである。

○アメリカの画家ベン・シャーンは1960年日本を訪れ第五福竜丸のビキニ海域での被曝の実情を知った後に作品ラッキー・ドラゴンシリーズを発表したが、その第一作の「我々は何が起こったのか知らなかった」というタイトルの画は見る度に引き込まれてしまう。なお、久保山愛吉さんがメッセージを持って病院のベッドに腰掛けている画「ラッキー・ドラゴン」は福島県立美術館が収蔵している。

2012年夏
水口憲哉

はじめに　　　　　　　　　　　　　　　　　　　　　　　　　　　　　　　　　　　002

第Ⅰ部　世界の淡水魚の放射能汚染
1 章…………問題の元凶　アメリカのチヌークサーモン　　　　　　　　　　　　　006
2 章…………ヒバクシャ・イン・USA　アメリカのボウフィン　　　　　　　　　　010
3 章…………チェルノブイリ原発事故　ウクライナのテンチ　　　　　　　　　　　014
4 章…………風下の恐怖　ベラルーシのパイク　　　　　　　　　　　　　　　　　018
5 章…………遠くシベリアでも　ロシアのグレイリング　　　　　　　　　　　　　022
6 章…………ベンシャーンの故郷で　リトアニアのローチ　　　　　　　　　　　　024
7 章…………森と湖の地で　フィンランドのバーボット　　　　　　　　　　　　　026
8 章…………最初に気づいた　スウェーデンのラフェ　　　　　　　　　　　　　　030
9 章…………空と海から　ノルウェーのブラウントラウト　　　　　　　　　　　　034
10 章…………まさかのことが　グリーンランドのイワナ　　　　　　　　　　　　　038
11 章…………ダニューブ川のほとりで　オーストリア、ハンガリー、ルーマニアの地衣類　040
12 章…………このような国でも　クロアチアのコイ　　　　　　　　　　　　　　　042
13 章…………コルスマスの島　フランス・コルシカ島のウナギ　　　　　　　　　　046
14 章…………原子力帝国　フランスのニジマス　　　　　　　　　　　　　　　　　050
15 章…………脱原発の足どり　ドイツのシロマス　　　　　　　　　　　　　　　　052
16 章…………カンブリア湖沼域　イングランドのパーチ　　　　　　　　　　　　　054
17 章…………苦悩と抵抗　アイルランドのアトランティック・サーモン　　　　　　056
18 章…………マリ・キュリーとチェコの原発　ポーランド、チェコのブリーム　　　058
19 章…………もう一つの核大国　インドのカトラ　　　　　　　　　　　　　　　　060
20 章…………五大湖の北で　カナダのラージマウスバス　　　　　　　　　　　　　062
21 章…………心配とジレンマ　香港のライギョ　　　　　　　　　　　　　　　　　064
22 章…………ひとのあかし　日本のアユ　　　　　　　　　　　　　　　　　　　　068

第Ⅱ部　東日本の淡水魚の放射能汚染
1 章…………イワナ、ヤマメ、ウグイ、アユ　　　　　　　　　　　　　　　　　　076
2 章…………ワカサギと霞ヶ浦の魚たち　　　　　　　　　　　　　　　　　　　　086
3 章…………マス類の湖とさまざまな魚たち　　　　　　　　　　　　　　　　　　090
4 章…………生態系としての問題　　　　　　　　　　　　　　　　　　　　　　　094
5 章…………どう考えればいいか　　　　　　　　　　　　　　　　　　　　　　　102

BOX
BOX 1…………世界の核実験　　　　　　　　　　　　　　　　　　　　　　　　　005
BOX 2…………淡水魚の異変　　　　　　　　　　　　　　　　　　　　　　　　　021
BOX 3…………ニジマスについて　　　　　　　　　　　　　　　　　　　　　　　045
BOX 4…………原発の温廃水をどうするか　　　　　　　　　　　　　　　　　　　049
BOX 5…………世界の原発　　　　　　　　　　　　　　　　　　　　　　　　　　067
BOX 6…………原発事故と漁獲量　　　　　　　　　　　　　　　　　　　　　　　073
BOX 7…………食べられている淡水魚　　　　　　　　　　　　　　　　　　　　　075
BOX 8…………濃縮係数　　　　　　　　　　　　　　　　　　　　　　　　　　　085
BOX 9…………生態学的半減期　　　　　　　　　　　　　　　　　　　　　　　　093

おわりに　　　　　　　　　　　　　　　　　　　　　　　　　　　　　　　　　　104

第Ⅰ部
世界の淡水魚の
放射能汚染

○チェルノブイリ原発事故で噴き出された放射能はユーラシア大陸を覆い、そこで暮す人々の生活を様々に変えた。

○ 1986年の事故の後に続いたソビエト連邦の崩壊、東西両ドイツを隔てる壁の崩壊など目に見えやすいものもあるが、人々の暮し、特に魚を食べたり、釣りをしたりすることでどのような変化が起ったのだろうか。何も変わらなかったのか。

○これまで日本ではあまり知られていなかったことを、淡水魚の放射能という観点からヨーロッパの国々について知り、さらに核を利用している世界中の国々で人々は淡水魚にどう接しているかも見てみる。

※本書で用いる単位の表記について

Bq/kg（ベクレル/キログラム）放射性物質の濃度を示す。
本文中ではベクレル/キロと表記することもある。
Bq 使用以前は Ci（キュリー）を用いていた。1Ci＝3.7×10^{10}Bq

重量の g や kg の後に（乾）とあるのは乾燥重量。（湿）とあるのは湿重量、どちらとも書かれていない場合はすべて湿重量。なお、クロマグロの場合は（乾燥重量＝0.24×湿重量）とされる。

μSv（マイクロシーベルト）放射線の空間線量を示す。

1　世界の核実験

　人工放射能が最初に地球上にばらまかれたのは 1945 年 7 月、アメリカ国内で行なわれた核爆発実験であった。そしてその 8 月に広島・長崎にその原水爆をアメリカは投下した。

　以後、米、ソ、英、仏、中国の列強が行なった大気圏内核実験は 1963 年に禁止されるまで 562 回に及んだ。太平洋で以後に行なわれた地下核実験を含めた核爆発地点を**図**に示した。

　これらの大気圏核爆発実験によって生じた人工放射能が地球上いたるところに降下物（フォールアウト）として沈着した。北半球において淡水魚で計測される Cs137（セシウム 137）や Sr90（ストロンチウム 90）の由来は、チェルノブイリ原発事故以前は大部分がこのフォールアウトに起因するものであった。

　筆者は昨年 9 月の『世界』(岩波書店)で「まぐろと放射能」についてまとめたが、そこでは、ビンナガマグロ、キハダマグロ、メバチマグロ、ミナミマグロ等について米の 1954 年ビキニ環礁における核実験以来の核実験による放射能汚染との関連で詳述した。

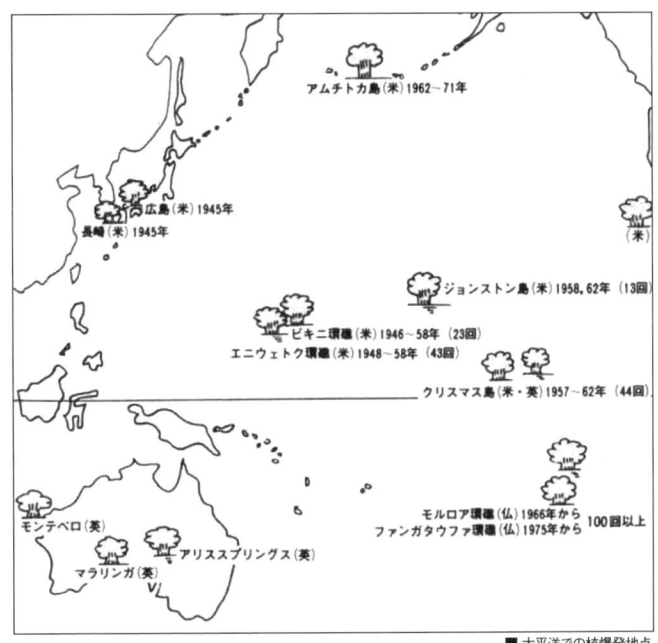

■ 太平洋での核爆発地点

図　山下正寿 (1987)「核の海をゆくⅡ水産高校生の死」蒼 №5 ビキニ水爆死の灰被災を追う、一被災漁船 856 隻を追って―より引用

BOX

1章 問題の元凶

アメリカのキングサーモン

チヌークサーモン　*Oncorhynchus tshawythscha*
英名キングサーモンとも、和名マスノスケ　太平洋に分布し、1.5m、57kgとサケマス中最大となる。コロンビア川河口北岸に住んでいた先住民族チヌック族に由来する。

　昨年出版された表紙に一枚の羽根とタイトル文字の〝Feather〟が黒く印刷されているフェザー剃刀の広告のような本をパラパラめくっていたら、フライをつくる人がつけるニックネームにふれながら、いきなり、「〝ハンフォード・チキン〟というワシントン州のコロンビア川沿いにある有名な核兵器サイト（施設）にちなんで名付けられた、黄色の蛍光目玉模様に染められたメンドリの羽」という文字が飛び込んできた。ちょうど太平洋のビンナガマグロのハンフォードがらみの放射能汚染について調べていたのでびっくりしてしまった。

　しかしこれは、著者トール・ハンソンの思い込みにちがいない。というのは〝Hanford chiken〟をインターネットで検索すると、カリフォルニア州キング郡の人口5万5千人ほどの商業都市、ハンフォードのレストランやフライドチキンに関するものが50万件ほど出てくる。〝Hanford chiken fly-tying〟で検索すると上記のハンソンの文章を示すグーグルブックのみであった。

　これは思い込みというより環境保護に取り組む生物学者であるハンソンがわかっていて、わざと核兵器のほうに結び付けたのかもしれない。というのは鳥類の研究をしているハンソンはもしかしたら読んでいるかもしれない論文〈1971〜2009年 ハンフォードサイトの鳥類に関する放射能濃度〉が、『環境放射能』誌の2011年8月号に載っているからである。これはワシントン州生態学局の役人がHEIS（ハンフォード環境情報システム）というデータベースを整理しただけのものだが、40年間の放射能汚染の資料を整理しただけで、国際研究誌にその結果を掲載できるくらいに、多様で豊富なデータが蓄積されている訳である。

　淡水魚についても同様のものがあるが、ここでそんなことをやっても仕方がない。それよりもマスノスケ（キングサーモン）についてその産卵床にストロンチウム90汚染水がどのように侵入しているかを調べた、とんでもない恐ろしい論文があったのでそれを紹介する。

〈ハンフォードサイトのストロンチウム90とその生態学的に意味すること〉というDOE（エネルギー省）のピーターソンとポストンが2000年に報告した内部調査資料に入る前に、ハンフォードの核施設とはそもそも何ものなのかを、筆者が昨年の『世界』（岩波書店）9月号「まぐろと放射能」で整理したことでみてみる。
　「コロンビア川を河口から400キロほど遡ったところにハンフォードの核施設があり、1518平方キロの敷地に1963年には900棟のビルがあった。B原子炉では長崎に投下されたプルトニウム型原子爆弾の原料がつくられた。1977年クリギアとピアシイは『漁業報告』誌に〈コバルト60の起源と北米西岸沖のビンナガの回遊〉を報告し、1965年までは8基の原子炉からコロンビア川に流入するコバルト60がビンナガのコバルト60の起源であったが、原子炉が閉鎖し出してからは1963年以後のロプノルにおける中国の核実験によるフォールアウトが起源と推察している。」
　このハンフォードサイトの面積は大阪府の8割ほどの広さがあり、その一部を横切って流れるコロンビア川は、まるで淀川のようである。ハンフォードリーチと呼ばれるサイト敷地内を流れるコロンビア川の流域では、昔から秋になると地元で〝フォールチヌーク〟と呼ばれるキングサーモンが、さかんに産卵をしている。
　ピーターソンとポストン（2000）の図4.2（本書8ページの図）はそのことを示しているがここではプリースト・ラピッドダムができてからフォールチヌークの産卵が急増したとしている。しかし、①ハンフォードサイト建設開始の1944年からの15年間と②1944年以前の100年にハンフォードリーチでフォールチヌークがまったく産卵していなかったのか、そうだとしたらその理由はということについて、すこしこだわる。
　合州国魚類野生動物局漁業報告50巻でウイリス・リッチ（1942）は〈1938年コロンビア川におけるサケの産卵遡上〉をまとめているが、8月以後のフォールチヌークのボンネビルダムを通過し、セリロで推定されたエスケープメント[※1]の尾数171259尾は、自然産卵に参加したと考えられている。
　そのうちどの位がハンフォードリーチで1944年以前産卵していたかということと1944年からの15年間開発建設工事と完了後の温廃水や種々の廃液流入によって産卵群が消失したかどうかということもわからない。それはそれとしてまさに原子炉の運転停止と並行して産卵を始めたようなフォールチヌークとストロンチウムの関係を調べたのが上記の調査報告である。
　次ページの図は水深3mもある産卵床をふくめた60kmほどの区間を飛行機で調べた結果であり、それと産卵床の細かい水の流れの分析とをまとめる難しい研究である。

17ピコキュリー/リットル（0.63ベクレル/リットル）のストロンチウム90が含まれる地下水が、産卵床の砂礫の間の卵や稚魚にどのような影響を与えるかというもので、現在でも地下水の放射能汚染対応に苦慮しているハンフォードサイトならではの研究といえる。

　U.Sエネルギー省（DOE）、U.S環境省（EPA）そしてワシントン州生態学局の3者による30年かけたハンフォードサイトのクリーンアップ計画の工程表が合意されたことについて、ワシントン州を流れるコロンビア川の対岸というか南側の州のオレゴンが〈ハンフォードクリーンアップ：最初の20年〉と2009年この州のエネルギー省が注目している。ハンフォードの核危機計画の半径50マイル以内にオレゴン州の2つの郡が入っている。

　ワシントン大学の歴史学者リチャード・ホワイト（1995）は『有機的機械―コロンビア川の改造』という批判的な本の3章「川の力」でハンフォードサイトに8ページ割き、そこにある多数の原発の電気を地元の電力会社が民間使用を拒否したと皮肉りながら、コロンビア川のダム造成と発電の経過を鋭く分析している。ハンフォードサイトに関する2つの記述を引用する。

　「冷却システムが生産の制限要因であり、冷却システムは川に頼った。最初の3つの発電所で1基毎に毎分30000ガロン（11万リットル）を必要とする。これら3基で人口100万の都市より多くの水を必要とする。ボンネビルとグランドクーリー

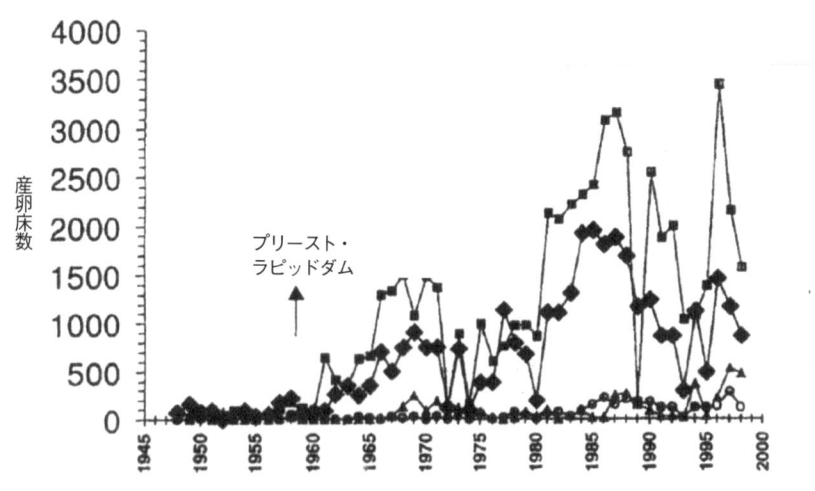

　　図　ハンフォードリーチ内の4つの産卵場におけるフォールチヌークの産卵床数
　　　　ピータンソンとポストン（2000）より引用

発電所の６万キロワットの電気で動かす40のポンプで、当初は冷却水を川から取水した。水は華氏74°で川にもどされた。1964年に、8月、9月の間、プリースト・ラピットとリッチランドの間の川の水温を華氏で2～3°、発電所は上昇させたことになる。ワシントンの政治家にとってこの失われた熱は使われずにコロンビアの流れで海へ行ったということになる。」（p 83）（49ページBOX4を参照）

「彼らは初期のプルトニウム生産競争の中彼ら自身で決めた川への廃液投棄許容限界を大きく超えてしまい、この廃液を混合して希釈する川の能力を過大評価していた。1963年までに発電所廃水の平均ベータ線量は１日当り14500キュリー（537兆ベクレル）前後であった。それは1963年から1971年まで当初の一方通行（single pass）原子炉が順次廃炉にされてゆく結果、減少してゆく。」（p 85～86、（ ）内は筆者加筆） 次の最終章「サケ」では、ダムとサケ全体の資源管理に触れることが中心で、ハンフォードサイトとチヌークサーモンについては全く触れていない。

核兵器原料生産のための軍事用原子炉から出る膨大な廃熱を利用してタービンをまわせば、発電もできる。そこで小型の原子力発電所を潜水艦に搭載すれば燃料補給なしに長期間浮上せずに潜航できるということで、開発建造された世界初の原子力潜水艦ノーチラス号が1954年就航した。そして1957年の原子力発電所の運転開始へとつながった。

ジム・リチャードヴィッチ（1999）は『川のないサケ―太平洋サケ危機の歴史』の最終章「新しいサケ文化の創設」を〝たった一つの野生の魚〟という項でしめくくっているが、そこで具体的にあげているのはコロンビア川の例である。

「流域に残っている最も健康な個体群はコロンビア川の主流の55マイルにわたるハンフォードリーチで産卵する野生のフォールチヌークである。この区間はボンネビルダムの上流に残されたサケ川で唯一のフリーフロウイングパートである。ハンフォードリーチで生まれた野性のサケの稚魚は海に行き着くまで４つのダムを通らなければならないが、その産卵と初期成育の生活場所が彼等の生存を支えるべく充分なだけ自然状態で保全されているので、彼等は繁栄しているのである。」

全く何も知らないのか、放射能は知らんぷりなのか、ブラックユーモアなのか全くわからない。次章で述べるＵＳＡで暮す人々をどう考えるかにも通じてくる。

※１　サケマス類で自然産卵をさせるために川を遡上させることをいう。詳しくは拙著『桜鱒の棲む川』（2010年フライの雑誌社）が参考になる。

2章 ヒバクシャ・イン・USA
アメリカのボウフィン

　ヨウ素剤というものの存在を知ったのは、1979年3月28日のアメリカ、ペンシルバニア州スリーマイルアイランド原発（TMI）事故の時であった。すぐに数10万人分のヨウ素剤が同州に運び込まれたが、住民には配られなかった。核攻撃に備えてヨウ素剤が備蓄されていることを知っている州民が、核戦争状況になったと考えるのではと配布されなかった。

　そのこととどれだけ因果関係があるのかは不明だが、2年後にペンシルバニア州の保健局長が州内の病院のカルテを調べたところ、TMI事故時の風下地域の病院では他の地域でより死産の割合が高かったという。ヨウ素剤にはアメリカでは〝平和〟と軍事が共存している。

　1963年核実験の死の灰からの被曝により、米国で乳児死亡率と小児ガン発生率に重大な増加があったことを見出し、1967年44才のときに放射線が胎児に与える影響の研究に没頭するためウエスチングハウス社を去ったアーネスト・スターングラスは、TMI原発事故記者会見では妊婦と乳幼児の避難をいち早く勧告した。

　スターングラスは1972年『低線量放射線』（訳書名『死にすぎた赤ん坊　低レベル放射

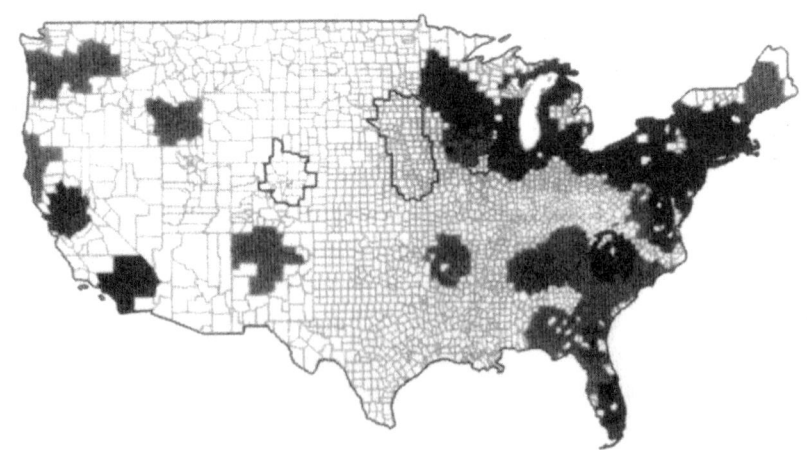

図1　原子炉から100マイル（160km）以内のハイリスク郡　グールド（1996）より引用。ただし14行の説明省略

線の恐怖』肥田舜太郎訳 1978 年）と、1981 年の『隠されたフォールアウト：広島からＴＭＩまでの低線量放射線』（訳書名『赤ん坊をおそう放射能・ヒロシマからスリーマイルまで』反原発科学者連合訳 1982 年）の両書によって、日本でも知られている。1970 年以降、原発周辺での乳幼児死亡について多く研究を行なってきたこともあって、ジェイ・グールド※1（1996）『内部の敵　原発の近くで暮すことの高い代償』（訳書名『低線量内部被曝の脅威』肥田舜太郎他訳 2011 年）の執筆協力者となっている。

　私たちが原発のある社会でこれからも生活してゆこうとするなら、低線量の内部被曝問題を避けることは出来ない。このことに強い関心をもっている人には、この本を読まれることをすすめる。

　内容が濃く大部のこの本についてほんの一部紹介するとしたら、アメリカの 3000 を越す郡について原発をはじめとする核施設の有無を郡ごとに調べ、各郡の低出生体重児、乳癌死亡率等を統計的にきちんと検討したことの結果のような図1である。

　この本の 188 ページには、「事故を起したスリーマイル島原発の事業者を訴えた 300 件もの事例で、原告が補償金の額を開示しないという条件で和解が成立していたが、それでも『ニューヨークタイムズ』はニュースの価値があるとは認めなかった。しかし、一方で『ニューヨークタイムズ』は約 27,000 人の原告がワシントン州のハンフォードの核兵器工場を経営する会社に対して集団訴訟を準備している事実を報道していた。それに続いて 1992 年にエネルギー省は、1940 年代のハンフォードから大量の放射線ヨウ素※2が放出された後に多数の甲状腺癌が発生したことを認めた。そう、実際は数の問題なのである。十分な数の人間が集団訴訟に進んで参加すれば無視されないのである。」とある。

　同書は、付録Ｃ「原子力発電所から放出される放射性物質」として、1970〜87 年に運転していた全米 33 州、74 地点、112 基の原発について、地点別に各年ごとに、①半減期 8 日以上の大気中に放出されたヨウ素 131 と粒子状物質（キュリー数）　②大気中への放出放射能：核分裂生成物ガスと放射化生成ガスの総量（キュリー数）　③液体放出物：混合核分裂生成物と放射化生成物（キュリー数）の集計表を掲載している。

　アメリカにはそのほかにも 100 の各研究施設や核実験場もあり、その周辺の住民は放射能の影響に苦しんでいる。春名幹男（1985）が指摘した「ヒバクシャ・イン・ＵＳＡ」の問題はその後ますます顕在化している。

　上記のグールド（1996）では、国立ブルックヘブン研究所（ＢＮＬ）がペコニック川に流す放射性廃液の問題について、非営利・娯楽目的の釣りクラブ「フィッシュ・

アンリミッテッド」のスミス会長から異議申し立ての相談を受けたことなど、魚への放射性廃棄物による危険については2ページほど紹介されている。ここでは、そこではふれられていないU．Sエネルギー省（DOE）のサバンナリバーサイトでの淡水魚の放射能汚染について見てみる。

このDOEは核兵器、核エネルギー、そして放射性同位元素（ラジオアイソトープ）の平和利用のパイオニアである一方、30州にある100施設（サイト）で半世紀前の運転開始以来、環境汚染を引き起こし続けている。※3 **図2**にそのうちの10施設を示した。

ラトガース大学生命科学部のジョアナ・バーガーは、サバンナリバー生態学実験所の研究者4名他9名の研究者と、〈サバンナリバーとスティールクリークの魚での放射性セシウム：公衆被曝への食物連鎖〉（リスク分析 21（3）2001年）においてボウフィン、オオクチバスなど8種の淡水魚で最大0.08Bq/g（80Bq/kg）のセシウム137を計測し、1986年EECの0.6Bq/gという制限値との関係で論議している。

核兵器生産工場から流れている10kmほどの小河川での放射能汚染を問題にしているバーガーは、2000年前後にサバンナリバーやDOEのオークリッジ制限区そしてニューヨーク市において、漁業やレクリエーションで魚を利用することに

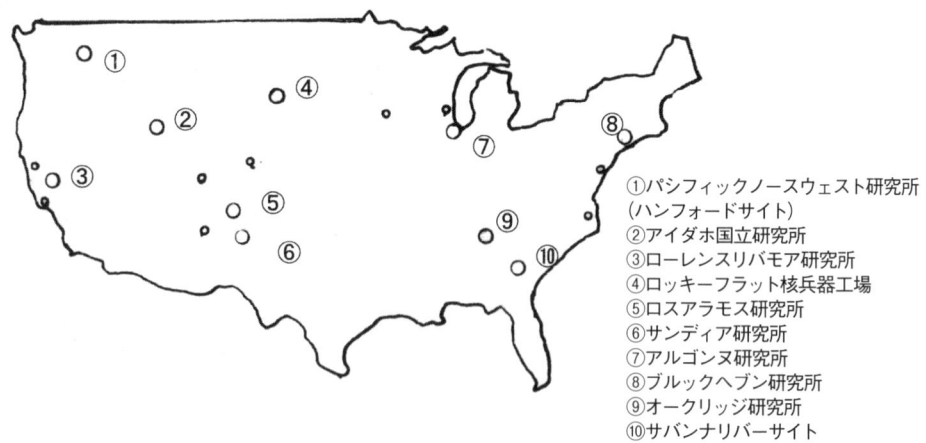

図2　エネルギー省の主要研究所や工場と大学等の核研究施設（DOE HP等により作成）

よる内部被曝について、民俗学や社会経済学観点での研究を10数篇報告している。また、魚を利用することによる放射能の取り込みに精力的に取り組み始めたバーガーは、2005年頃より、やはりＤＯＥ管理のアリューシャン列島アムチトカ島の核実験場について広く生態系全体を調査し、住民が食物を通して放射性物質をどう取り込むかについて、長期的展望をもった研究を多数報告している。

※1　グールドは統計学者として司法省、環境保護庁科学諮問委員等を経て70才近くになってビジネスを離れ環境汚染が健康に及ぼす影響の研究活動をライフワークとする。2005年90才で死去。
※2　この本の53ページではこのことについて「ハンフォード工場は、1986年のチェルノブイリ原発事故に匹敵するほどの大量の放射線ヨウ素を未汚染の大気中に放出し、それは単一の事故としては人類史上最悪の規模と評価されるものであった」とある。
※3　ウィツカー他4名（2004）「ＤＯＥサイトでの壊滅的改善をさける」サイエンス303：1615－1616

ボウフィン　*Amia calva*

北米大陸の東部や南東部に分布する。魚や大型水生無脊椎動物を捕食する。長さ109㎝、重さ9.75㎏になる。ジュラ期などにさかえたアミア目の他種はすべて絶滅しこの魚は生きている化石や古代魚と呼ばれる。

3章 チェルノブイリ原発事故

ウクライナのテンチ

ウクライナにあるチェルノブイリ原子力発電所における1986年4月の大事故は、地元ウクライナはもとより北隣のベラルーシ、東隣のロシアに拡がった放射能により、多くの被害をもたらした。核戦争防止国際医師会議ドイツ支部著(2011)『チェ

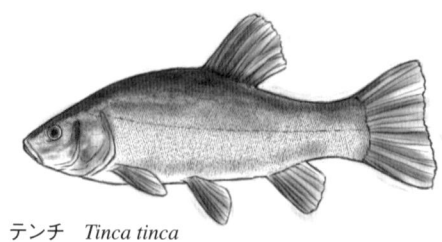

テンチ　*Tinca tinca*
細かい鱗で被われた短い口ひげのあるコイ科の魚。泥底の水草の繁茂する止水域にすむ。ヨーロッパに広く分布しどこにでもいる魚だが釣り人以外はあまり知らない。餌にうるさく釣りが難しい。30〜50cmになり、美味。酸素欠乏に強い。

ルノブイリ原発事故がもたらしたこれだけの人体被害・科学的データは何を示している』(松崎道幸監訳 2012)が、国連資料等をまとめた表などから作成した**表1**は、今あらためてその被害の大きさと深刻さを考えさせる。

というのはこのようなことが起る過程で、135,000人が事故直後に自主避難。400,000人が強制移転によって家を喪失。21,000km²の汚染が185,000〜555,000ベクレル/m²（5〜15キュリー/km²）で、この185,000ベクレル/m²を超える地域に3,000,000人が住んでいる。また555,000ベクレル/m²を上回った10,000km²の地域に、270,000人が住んでいるという。なお、37〜185ベクレル/m²のセシウム137に汚染されたヨーロッパの10地域の上位4カ国の北欧とオーストリアについては、本書で詳しくふれる。

上記のドイツ医師団の本では、〈第2章　リクビダートル〉として14ページにわたり、その人体被害をまず把握しようとしている。

「リクビダートルというのはロシア語で〝後始末する人〟を意味し、清掃人、

表1　チェルノブイリ原発事故の主要データ

核戦争防止国際医師会議ドイツ支部（2011）により作成

		ウクライナ	ベラルーシ	ロシア
汚染地域の面積(km²)		42000	624000	57650
(国土に対する%)		(7)[1]	(30)	(1.6)[2]
直接の影響人数		3500000	2500000	3000000
セシウム137(kBq/m²)のレベル別放射能汚染地域の人口分布(居住者)(1995年)	37−185	1189000	154300	1654000
	185−555	107000	239000	234000
	555−1480	300	98000	95000

1) 森林の40%をこれに加える　　2) ロシアのヨーロッパ地域について

事故処理班、解体作業者、決死隊などと訳されることもある。志願したにせよ強制されたにせよ、覚悟していたにせよ、知らなかったにせよ、自らの命と健康を引き換えにチェルノブイリ原発事故の被害を食い止めるために働いたこれらのソ連全土から動員された」兵士、警官、消防士等によりなるリクビダートルは、任務が終了すると故郷に帰ってしまった。その人数は80万人（60万〜100万）を超えるとされており、住所と氏名が明らかになっているのはその半数ほどに過ぎない。

「ロシア当局の発表によれば、リクビダートルの9割以上（74万人）が健康を損ねたと報告されている。老化が早まったり、がんや白血病などの各種の身体疾患、精神疾患が平均以上の頻度で発症していた。とりわけ、白内障を患っている患者が多出している。がんの潜伏期間を考慮すると、がんが有意に増加するのはこれからであろう。」

リクビダートルのこどもたちにも遺伝子から異常に多くの突然変異が発見されている。また、本書のあらまし中の知見のまとめでは、

「18. ウクライナのチェルノブイリ庁が発表した公式文書によれば、1987〜1992年の間に内分泌疾患125倍、脳神経疾患6倍、循環器疾患は44倍、消化器疾患60倍、皮膚結合組織疾患50倍、筋肉骨格疾患および精神疾患は53倍も増加したことが記録されている。健康に異常のない避難民の比率（健康率）は、1987年には59％であったが、1996年には18％に低下している。同じく汚染地域の住民の健康率は52％から21％に低下し、きわめて重大なことであり、親が高度の放射線被曝を受けたが、自身は放射能に直接曝露しなかった子どもでも、健康率が81％から30％に低下していた。(1996年)」となっている。

ニューヨーク科学アカデミー年報1181,1（2009）はA.V. ヤブロコフ他編による〈チェルノブイリ：人々と環境の惨劇（Catastrophe）の諸結果〉という特集を組み、その10章でヤブロコフが「生物相へのチェルノブイリの放射能汚染」をまとめている。この報告が、ロシア語、ウクライナ語、ベラルーシ語の研究報告にも目を通した、淡水魚を含めた野生生物における放射能調査に関する数少ない情報源といえる。

本書でも各所でこのヤブロコフの10章を参考にしているが、それよりも筆者はこのヤブロコフという研究者を20年ほど前に知っている。1993年夏、ロシアの船から放射性廃液らしきものが日本海のイカ釣り漁場の真ん中で捨てられる映像が世界に流された。これは、ロシア政府とグリーンピースが仕組んだパフォーマンスだった。原潜解体工場の維持費等を日本政府等に出させるために、ただの海水を流した可能性がある。

それよりも、その年の2月に出されたロシアの〈放射性廃棄物海洋投棄問題政府委員会報告〉(通称〈ヤブロコフ白書〉)の図「極東海域における放射性廃棄物投棄の年度ごとの推移」において、それまでもその後も最大400キュリー前後で推移している液体廃棄物投棄量が、1986年だけ10500キュリーと飛びぬけて大きくなる。

　この数字はベクレル数になおすと3.9×10^{14}ベクレルで、日本政府がIAEAに提出した福島第一原発事故での海洋への放出放射能量の約10分の1、気象研究所が調査推定した海への流失したセシウム量3.7京(10^{16})ベクレルの約100分の1となる。筆者は、チェルノブイリ原発事故で放射能汚染水の処理に困ったソ連政府が日本海に捨てたものと見ている。

　ヤブロコフ報告を報じた1993年4月9日の毎日新聞によれば、ロシアのエリツィン大統領の顧問であるヤブロコフ氏はグリーンピース出身の生物学者ということで、いろいろなことですべて納得がゆく。ここではそのヤブロコフのまとめたものではなく、その10年前の1998年に『生態毒性学7巻』201－209に報告されたジャゴー他7名の〈チェルノブイリ近くの汚染:10km圏内の魚、堆積物、水から検出された放射性セシウム、鉛、水銀〉を見てみる。なお、ジャゴー他2名がジョージア大学サバンナリバー生

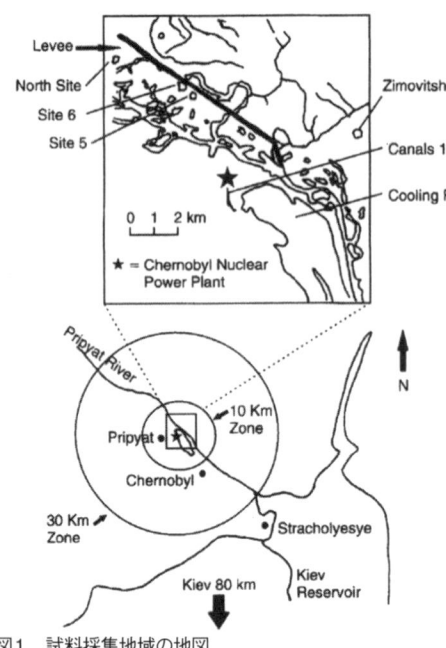

図1　試料採集地域の地図
(ジャゴー他7名 (1998) より引用)

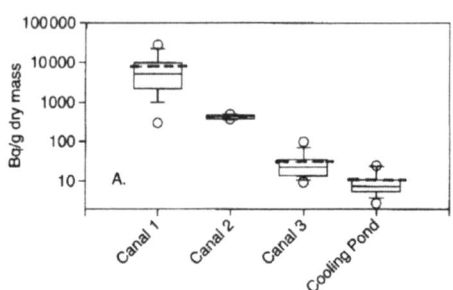

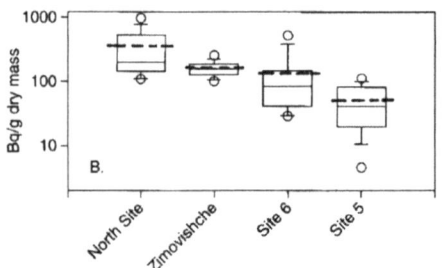

図2　チェルノブイリ周辺の水体の堆積物中のセシウム137　破線で平均値を示す。計測値の分散を示す○や□の説明は省略。(ジャゴー他7名 (1998) より引用)

態学研究所に、4名がジョージア大学の他部局、そして最後のロマキンがウクライナの国際研究促進庁に所属している。

まず**図1**に計測試料の採集地点の地図を示す。次いでこの報告通りに**図2**、**図3**をそのまま掲載する。なお、これらの図でたて軸の説明にBq/g dry massとなっているがこれは乾燥させた試料1g当たりということで、日本で現在大部分の魚の試料は1kg湿重量（生鮮重量）で見ている。それらと比較するためにはこの目盛の数値を約250倍にするとよい。原発から10km圏内について福島県では計測していないので比較のしようがない。

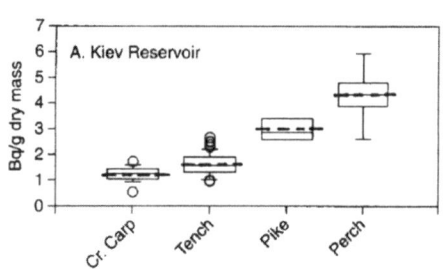

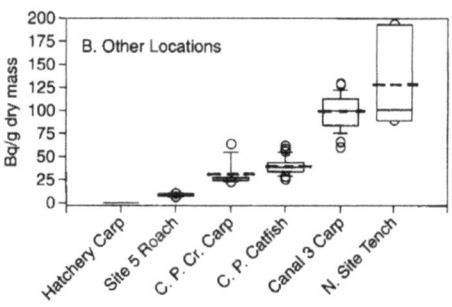

図3 チェルノブイリ周辺で1993年8月に採集された魚類の放射性セシウム。破線で平均値を示す。計測値の分散を示す○や□の説明は省略。（ジャゴー他7名（1998）より引用）

そこで、チェルノブイリ原発から40kmほど離れたキエフ貯水池の北西のストラコレジエ等で、**図3**の計測をした1993年以前の6年間の計測値の変化を、ロシアのクリコフ（1996）※1の報告から見てみる。この**表2**の右端に**図3**の（上のAの）パーチ、パイク、テンチについて値をよみとり、それを250倍した値1075と750と625を書き入れると、7年間の変化を見ることができる。

※1 クリコフ（1996）「キエフ貯水池の魚類の放射性セシウム汚染に影響する生理的、生態学的要因」総合環境科学 177：125－135

表2 キエフ貯水池で採集したセシウム137計測値（Bq/kg湿重量、（ ）内は計測個体数。）
クリコフ（1998）より引用　ただし計測値の範囲を省略

場所	ストラコレジエ	ストラコレジエ	ベロゾバヤ	ストラコレジエ
年	1987	1990	1991	1992
魚種	平均値	平均値	平均値	平均値
パーチ	1658(15)	1288(17)	1431(27)	1211(40)
パイク	1773(5)	934(9)	1009(10)	872(23)
キンギョ	1028(7)	346(17)	451(14)	360(15)
テンチ	1028(12)	556(14)	419(29)	346(13)
ブリーム	662(11)	326(12)	224(16)	155(5)
シルバーブリーム	846(6)	359(6)	183(5)	-
ラッド	599(5)	286(10)	237(4)	-

4章 風下の恐怖
ベラルーシのパイク

　1986年4月26日にウクライナの最北部にあるチェルノブイリ原発が大事故を起した時、南風が吹いており、それに乗って放射性物質が10数km先の国境を越えてベラルーシ南東部のゴメリ州を中心とする地域に大量に降下した。ベラルーシ※1とロシア、ウクライナにまたがる約3100km²の地域が1480Bq/m²以上という最高のレベルで放射能セシウムによって汚染された。

　淡水魚について、ベラルーシでは他の国や地域のようにチェルノブイリ由来のセシウムで野生魚がどれだけ汚染し、それを食べたら人にどのように影響するかといった報告はほとんど見られない。魚そのもので放射能被曝による影響

パイク　*Esox lucius*
カワカマス、ノーザンパイクともいう。1年で26cmになり、雌は7年で1mになる。ヨーロッパではその悪辣な行動で有名な魚の捕食者

がどのように起ったかという報告はいくつかある。そのような淡水魚での異変については **BOX2** でまとめて見ることにして、ここでは卵膜変性についての1例を紹介するにとどめる。

　コクネンコ(2000)はベラルーシ語のベラルーシ国立科学アカデミー報告・生物学篇の第一号で〈放射能で汚染したベラルーシの貯水池におけるパイク(*Esox lucius*)の配偶子形成〉を報告しているが、放射能の強さとその影響に驚く。原発から30km圏内にあるベラルーシ・ゴメリ州のスメルチヨフ湖のパイクの生殖巣(1991年セシウム137と134がkg当り5800Bq、そしてそれは1995年には199900Bqまで増加した)の卵細胞の膜部の厚さがプリピヤチ川のパイク(1992年875Bq/kg)では10ミクロンであるのが、25〜30ミクロンに肥厚するという形態的変性が起っていたという。

　このように魚が汚染するしないにかかわらず、ベラルーシではあまり魚は食べないようである。ネステレンコ他2名(2009)※2はBELRAD(後述)の資料として1993年、ゴメリ州など3州の食べものが1992年のセシウム137に関する公的許容基準値をどの程度の割合超えたのかをまとめている。

　35食品39531検体の調査で、魚類ではコイが152検体計測され370Bq/kgの基準値を11.2%が超えたとしている。最も多く19111検体調べられているミルクで

は 111 ベクレルの基準値を超えたものは 14.9％、基準値（370 ベクレル）を超えたものが 80.5％と最も多かったマッシュルームは 133 検体計測されている。

　なお、BELRAD はベラルーシ放射線安全研究所の略称で、1987 年に物理学者の人権活動家アンドレイ・サハロフ、ベラルーシの作家アレス・アダモビッチ、そして世界チェスチャンピオンのアナトリ・カルポフが提案し創設した、独立公共機関である。チェルノブイリの破滅的な放射能汚染に最も苦しむベラルーシの子供達を支援するためにつくられた。

　昨年 11 月、ロシア連邦立小児血液・腫瘍・免疫研究センターのルミャンツエフセンター長が来日し、「2009 〜 10 年にベラルーシに住む約 550 人の子どもの体内の放射能セシウムを調べたところ、平均で約 4500 ベクレル、約 2 割で 7000 ベクレル以上の内部被曝があった。」と報告している。内部被曝の原因として、食品の規制が徹底されていない可能性が考えられるという。(2011. 11.19 朝日新聞　大岩ゆり)

　先に述べた BELRAD の 1993 年の食物調査が行なわれている頃に、ベラルーシの子ども達に起ったことについて調査研究をしていたユーリ・I・バンダジェフスキーの著作でみてみる。この久保田譲訳 (2011)『放射性セシウムが人体に与える医学的生物学的影響—チェルノブイリ原発事故被曝の病理データ』の原著(英文)は、2000 年にミンスクの BELRAD から出版されている。

　著者のバンダジェフスキーは、1957 年ベラルーシのグロドノ州で生まれ、1980 年国立グロドノ医大を卒業。1990 年、ゴメリ医科大学を設立し、1999 年まで学長、病理学部長を務めていたが、体内のセシウム 137 による被曝は低線量でも危険であるとの意見をベラルーシ政府に直言し続けたことへの反発か、1999 年入学試験にからむ賄賂汚職の容疑で逮捕され、禁固 8 年の刑で投獄された。

　5 年で出獄後、復職できず、フランス滞在後にリトアニアに移り、ビリニュスの大学で研究者として復職した。訳者の久保田は 2001 年、当時 BELRAD 所長であった故ネステレンコ教授から本書を手渡された。氏はバンダジェフスキーの親友で彼の刑期短縮にも奔走した。詳しくは上記の本を読んで頂きたいがその中から 2 つの図を紹介する。

　最初の図は子どもから大人まで、ゴメリでさまざまな病気で死亡した患者を解剖検査し、各臓器のセシウム蓄積量を測定した。ここではヨウ素 131 ばかりではなくセシウム 137 も子どもの甲状腺に多く蓄積することが特徴的であるが、心筋

では成人の4倍と子どもで特異的に多く蓄積している。**図1**

次に、バンダジェフスキーの重要な発見であるが、セシウム137が心筋に取り込まれ、深刻な組織病変と代謝変化を引き起こすことに関連した図である。ゴメリに住む3〜7歳の子どもたちでは放射性元素の体内蓄積濃度が平均で30.32 ± 0.66Bq/kgに達しているが、それが多いほど心電図異常や心室内伝導障害の発生率が高くなる。**図2**

※1　チェルノブイリ原発の後ソビエト連邦は崩壊し、1990年9月独立して白ロシアからベラルーシ共和国となった。
※2　ヤブロコフ他2名（2009）の12章「食べものと人々のチェルノブイリによる放射能汚染」はこの報告の編者者と同じ3名による。

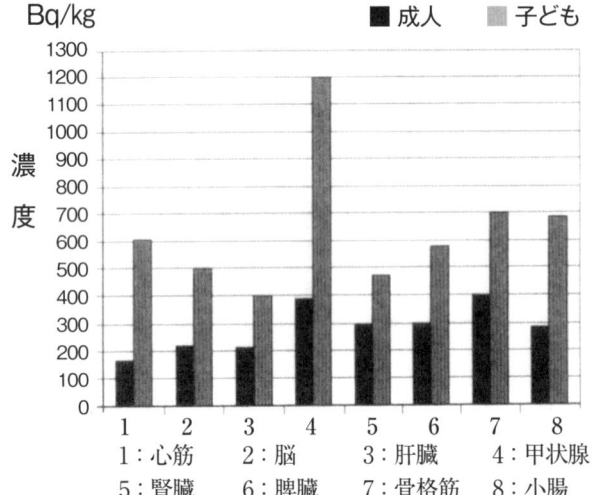

図1　１９９７年に死亡した成人と子どもの臓器別放射性元素濃度
（バンダジェフスキー（2000）より引用）

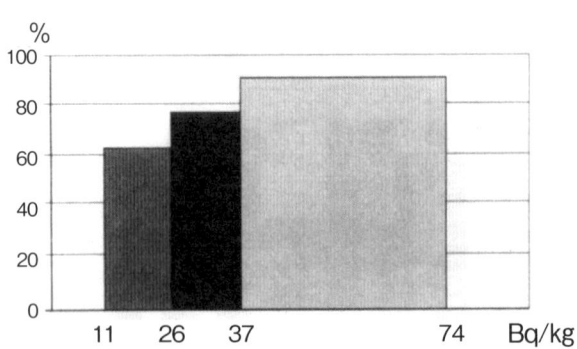

図2　ゴメリに住む3〜7歳の子どもの心電図異常の発生率と体内放射性元素濃度の相関　（バンダジェフスキー（2000）より引用）

2　淡水魚の異変

　多くの人々が淡水魚の放射能汚染に関心をもつのは汚染した魚を食べても大丈夫かという自分の健康や生命への影響を心配してのことである。
　しかし、被曝した放射線の量が多ければ淡水魚の健康や寿命にも影響している。その事を考えるのに参考になる研究報告を知ることが出来るのは、ヤブロコフ他2名編（2009）『チェルノブイリ・人々と環境に対する惨劇の結果』の中でヤブロコフがロシア語の文献も多数紹介している、10章「生物相に対するチェルノブイリの放射能衝撃」である。この中のウクライナやベラルーシ、ロシアにおける研究報告は厳しい。

●チェルノブイリ原発冷却貯水池のハクレンの繁殖群で数世代に渡って観察された精液の量と濃度における顕著な減少と精巣の破壊的変化。（ヴェリギンその他 1996）

●1986年1-2才のときに被曝しその後長期にわたり低線量の放射能のもとにいたコクレンでは、精巣の結合組織の異常増殖、精液濃度の低下、そして異常精子の数の増加が観察された。（マッケーバその他 1996）

●コイの精液や卵に結合している放射性物質のレベルが多くなると、受精率、稚魚数、稚魚生残率などが減少し、奇形の頻度が増加した。（ゴンチャロワ 1997）

●ベラルーシのゴメリ州にあるスメルチョフ湖とプリピヤチ川から採取したブリームで核の解体、卵胞膜の厚化、卵母細胞の発生異常、正常な卵母細胞と核の大きさの変化など配偶子形成における逸脱が見られた。この変化は貯水池の放射能汚染のレベルに対応していた。（ペトゥコフとコクネンコ 1998）

●惨劇後の始めの時期ひどく汚染した場所ではミミズの成虫が多かったが、管理区域では成虫と幼虫が同量であった。（ヴィクトロフ 1993、クリボルツキーとポカルチェフスキー 1992）

●惨劇の9年後ひどく放射能汚染した水体のイトミミズで20％が性細胞を持っていた。この種は通常無性生殖を行なっている。（ティツギナその他 2005）

BOX

5章 遠くシベリアでも
ロシアのグレイリング

2012年4月東洋書店から『原子力大国─ロシアー秘密都市・チェルノブイリ・原発ビジネス─』が出版された。共に四国電力で原発にかかわった経歴をもつ著者（藤井と西条）によって書かれたこの本は、旧ソ連の核開発にかかわる図を作成するのに多くを引用させて

グレイリング　*Thymallus thymallus*
和名でカワヒメマスと呼ぶが日本には分布しない。北極を取り囲んで同属の数種が分布するサケ科の美しい魚。酸素が豊富で水のきれいな川にすむ。水生昆虫を専食し、ヨーロッパではフライやルアーの釣りで好まれる。

もらったが、これから述べるような放射能汚染については全くふれられていない。

ロシアの核施設による放射能汚染については同じ時期に出版されたロール・ヌアウ『放射性廃棄物─原子力の悪夢』が参考になった。同書によれば歴史上最初の大きな原子力事故は、1957年、ハンフォードの双子の兄弟と呼ばれるウラルの秘密の町マヤークでおきた。チェルノブイリが吐き出した放射能の半分に相当する 81.4×10^{16} ベクレルが、1000mの高さまで吹き上げられた。

23の村（1万人）が強制避難させられ47000人が被曝し、1960年代を通じて、基地の多くの従業員が電離放射線の被曝がもとで死亡した。

このことはソ連はもとより、アメリカでもイギリスでも世界の原子力開発を妨害するとして、基地の存在そのものも1980年代の終わりまで一般の人々には秘密にされていた。

フライシュマン他3名（1992）はブリャンスクなどロシア北西部で1990～92年に湖や川の魚で最大、15000～21000Bq/kgのセシウム137が計測されたと『環境放射能』誌に報告している。ブリャンスクはモスクワとキエフの中間ややモスクワ寄りに位置する。

図でもわかるようにロシアの広大な国土には核関連施設が多数散在しているが、その真ん中を南北に流れるエニセイ川で、国際的な関心を呼んでいるリン32による淡水魚の放射能汚染について研究されている。※1

リン32（32P）は半減期14.3日のリンの放射性同位体である。欧州労働安全衛生機構は、実験でリン32を取り扱う際は、白衣、使い捨て手袋、ゴーグルを着用

するように求めている。

　エニセイ川の上流にあるクラスノヤルスク鉱山・化学複合工場では、プルトニウム生産炉や濃縮ウラン施設を運転し、1975年より年間 $6 \sim 0.1 \times 10^{14}$ ベクレルのリン32を、冷却水と共にエニセイ川に流し続けている。長期間にわたる流域別河川水や、1990年下流640kmからの4地点で、グレイリングなど11種の魚について月別にリン32の濃度を計測している。一回だけだがタイメン※2 も計測している。

※1　バクロフスキー他6名(2004)〈エニセイ川の魚種におけるリン32と公衆への線量当量の再検討〉原子力エネルギー 97（1）61 － 67. Atomnaya Energiya からの英訳
※2　北海道に分布するイトウのなかまでシベリア地方、モンゴルなどに分布するアムールイトウの別名

図　ロシアの原子力関連都市と施設（藤井と西条（2012））の図を参考に作成
〇は10の秘密都市、×は主要核研究所、●は原発および研究用原子炉
◉はマヤーク、■はブリヤンスク、▲はキェフ、△はモスクワ

6章 ベン・シャーンの故郷で
リトアニアのローチ

　画家ベン・シャーンは1898年リトアニアの寒村に生まれ、8才の時にユダヤ人の両親とともに移民として渡米した。

　ナチスドイツのポーランド侵攻の翌年の1940年、リトアニアのカウナス領事館の外交官杉原千畝が日本を経由してアメリカなど第三国へ逃れるユダヤ難民に対して、本国外務省の許可を得ずに通過ビザを発給したことで、近年私達はリトアニアを知っている。リトアニアではバスケットボールが盛んで、ソウルオリンピックではナショナルチームの男子代表が金メダルを獲得している。

　しかしリトアニアは、EUの勧告に従ってチェルノブイリ原発と同じRBMK型のイグナリナ原発を1号(2004年)、2号(2009年)ともに廃炉にしてしまったことで、ヨーロッパでは知られている。そして、2008年、リトアニア、エストニア、ラトビアそしてポーランドは、同じ場所にヴィサジナス核工場会社をつくり、GE・日立の原発をつくることに同意した。

　そのような経過の中での研究報告にはいろいろ複雑なものがある。〈リトアニアの湖のローチとパーチに関する放射能調査〉※1と題する論文は、2005年採集した3湖の淡水魚の筋肉と骨について、セシウム137とストロンチウム90を計測するといういたって簡単なものである。

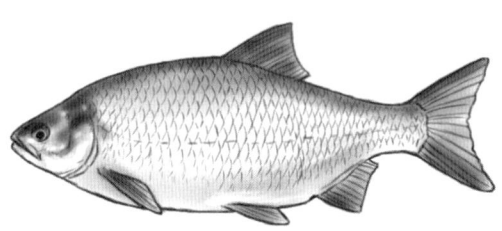

ローチ　*Rutilus rutilus*
どこにでもいるヨーロッパでよく知られたコイ科の魚。汽水域に下ったり追い星の出る様子は日本のウグイに似ている。雑食性で4～6月が繁殖期。*Rutilus* 属には数種類いてオイカワのようなのもいる。

　図の採集地点で合計171個体の検査で、セシウム137については0.4～2.6Bq/kg、平均1.3Bq/kgで魚種、湖、組織別で大きな違いは見られない。これは、リトアニアがベラルーシの隣であるが放射能雲の移動の関係で、セシウム137の地表沈着量が18500Bq/m²以下と多くなかったことと、約20年後の調査ということが関係しているのかもしれない。

　しかし、骨のストロンチウム90については、ドルクシアイ湖が平均4.5Bq/kgと、他の2湖の3倍近くあった。この湖はイグナリナ原発の温廃水が放出される冷却

池として使用されていた。同原発は廃炉検討中だが、今後も監視を続ける必要があるとしている。

　富栄養化した小さな湖で、職漁と遊漁の対象となるテンチ※2とフナが活動することによって堆積物中のセシウム 137 を撹乱する。また冬の長期にわたる活動停止（torpor）中は、放射能で汚染した堆積物中にいることを考えると、これらの魚への放射能の影響の推定は、緊急の問題だとしている 2009 年の報告もある。その報告では湖での透明度や溶存酸素量、そして堆積物や水についてのセシウム 137 の詳しい調査は行なわれているが、魚の放射能は計測していない。

※1　セパンコ他 3 名（2006）環境工学と風景管理報告誌 16（4）199 － 205
※2　3 章（14 ページ）を参照

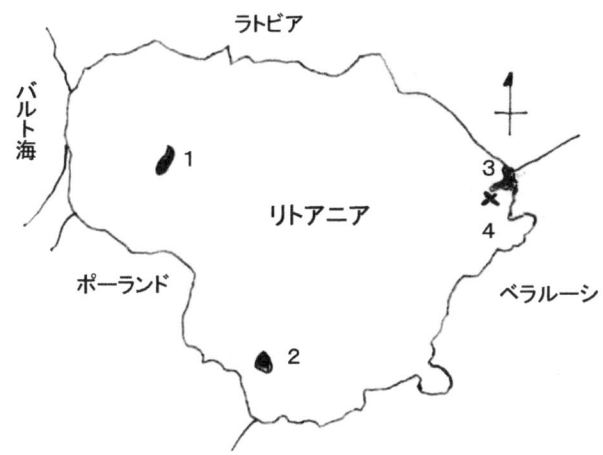

図　魚を採集した 3 つの湖と原発の位置
　1：ルクスタス湖　　2：デュシア湖　　3：ドルクシアイ湖　　4：イグナリナ原発
（セパンコ他 3 名（2006）の図 1 にバルト海と原発を加筆）

7章 森と湖の地で
フィンランドのバーボット

　ムーミンの生まれた国フィンランドに携帯電話機の世界一のメーカー、ノキアがあるというと何となく違和感があるが、森と湖の国にログハウスの世界一のメーカー、ホンカがあるといわれれば何となくわかる。フィンランド人は自分の国や民族のことをSuomi（スオミ）と呼ぶが、その語源はフィンランド語でのSuo（湖を意味する）であると言われる。

　国の面積に占める内水面（川と湖）の割合、すなわち水面積がフィンランドは9.4%であるが、日本は0.8%だからちょっと想像がつかない。それはカナダ8.9%、スウェーデン8.7%であるように、氷河の削り取った跡に水が貯まった湖沼地帯というか湿地帯が日本では北海道に少し見られる程度だからかもしれない。

　2011年、世界の内水面漁業についてFAO（国際連合食糧農業機関）報告としてまとめたウェルカムは、2009年北欧の内水面漁獲の80.7%をフィンランドが占めスェーデンやノルウェーはその10分の1以下であるとしているが、これはどうも納得がゆかない。

表　北欧の人々の淡水魚利用とそのCs137による汚染（アークロッグ（1994）より作成）

			デンマーク	フィンランド	ノルウェー	スウェーデン
	人口（百万）		5.1	5	4.2	8.4
食料生産量（千トン）	ジャガイモ		250	300	330	77
	淡水魚	養殖魚	30	15	115	2
		天然	0.5	38	5	35
国民一人当りの淡水魚（天然）摂食量kg/年			~0	4.1	1.2	1.1
チェルノブイリのCs137沈着量 KBq/m²			1.2	16	7	10
国全体のセシウム137の平均濃度（Bq/kg）	魚類（海と内水面での養殖）	1986年	4.8	32	[0.6]	[5]
		1987年	4.7	50	[0.6]	[5]
		1988年	3.6	40	[0.4]	[5]
		1989年	4.6	35	[0.4]	[5]
		1990年	4.5	30	[0.2]	[5]
		1991年	5.1	20	[0.2]	[5]
	非養殖淡水魚	1986年	[60]	500	[500]	[500]
		1987年	63	1000	[1000]	[1000]
		1988年	[50]	840	[840]	[840]
		1989年	[40]	600	[600]	[600]
		1990年	[40]	470	[470]	[470]
		1991年	[30]	[380]	[380]	[350]

[　]内の数字は総合的に判断した推定値

フィンランド遊漁・漁業研究所（RKTL）の統計によれば内水面漁業（2008年）ではバンデース※1の2496トンなど計3912トンと少ない。しかし、遊漁漁獲量（2010）は内水面ではパーチやパイクが共に6000トンを超え、5割を占め計24056トン。海面でも同様の傾向で、計5142トンである。

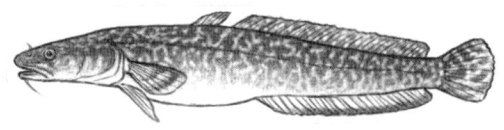

バーボット　*Lota lota*
淡水域にいる唯一のタラのなかま。ラテン語のあごひげ（barba）からこの名がついた。北極をとりまいて分布する氷河期の残留種でいくつかの亜種にわかれている。魚食性で40〜60cmになる。

　いっぽう、ダールガード（1994）編の『北欧放射生態学：北欧の生態系を通してのヒトへの放射性物質の移行』の中で、デンマークのアークロッグは、〈チェルノブイリ事故による北欧の人々の食物摂取による放射線量〉という、非常に具体的で参考になる報告をしている。その中の3つの表を参考にして淡水魚に関する事項をまとめたのが**表**である。

　上記のウェルカムは、フィンランドの大事な野外の遊びの一つが釣りで、国民のほぼ40％が年に一回は釣り（遊漁）をやり、内水面漁獲量の90％、海面漁獲量の40％がこのレクリエーションフィッシングによるとしている。そしてどういう訳か唐突に1986年このレクリエーション漁獲量は年間およそ4万トンあったと述べている。

　チェルノブイリ原発事故のあったこの年、FAO統計によればフィンランドの内水面漁獲量は、32913トンあり、翌1987年には8597トンに激減する。この急変については**BOX4**で詳しく分析する。以上のような漁獲量についての統計数値の混乱は、漁業、養殖業、遊漁の生産量のFAO統計での扱い方のあいまいさと、チェルノブイリ原発事故の影響に関するFAOのなかったことにする作業とが関係して、ややこしくなってしまっている。

　そんなことより、**表**でフィンランドの淡水魚のセシウム137の計測結果としての数値を、ノルウェーにもスウェーデンにもそのまま使っていることに注目したい。きちんとした継続的計測値として頼りになるものがフィンランドにしかないということである。そのような目でフィンランドについて淡水魚の放射能に関する研究報告を整理すると、1990年から2012年までの14篇のリトヴァ・サクセーン※2の研究が目立つ。

　サクセーンはフィンランドの放射線核安全局（STUK）に属する研究者であるが、2009年に上記RKTLの3人の研究者と共にまとめた38ページのSTUK-A236〈チェルノブイリ事故後のフィンランドの小さな森の湖におけるセシウム137〉は森や湖と魚への愛着が感じられる素晴らしい報告書である。

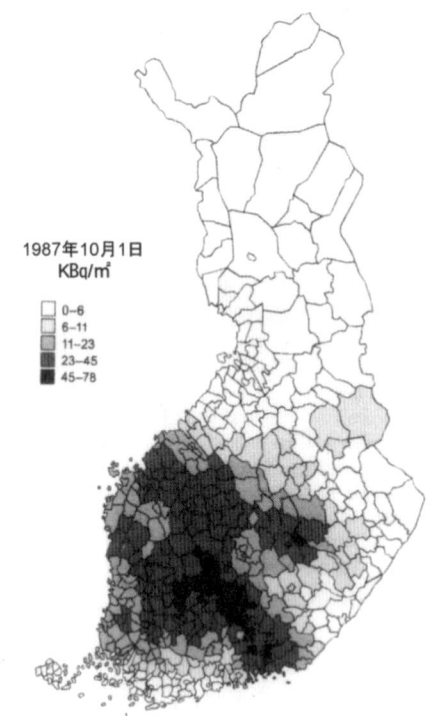

図1 フィンランドにおけるCs137沈着の分布と
それを分けた5沈着域（アルベラ他1990）
（サクセーン（2007）より引用）

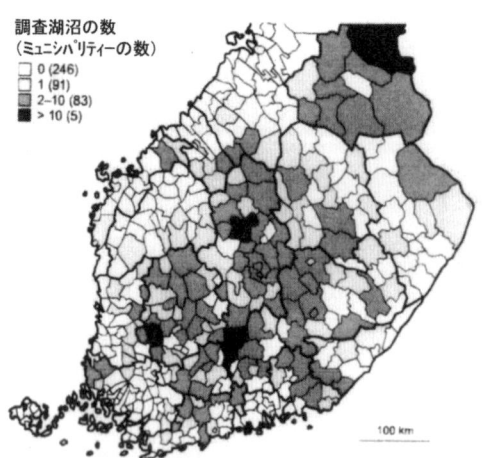

図2 1986－2005にさまざまなミュニシパリティーで魚類採取した湖の数
（サクセーン（2007）より引用）

そのきめ細やかさは、フィンランドでしか利用されていないバーボットについても、**図3**に見られるように、セシウム137の計測値の変化を6年間追っていることにもあらわれている。バーボットは**図1**に示した45-78kBq/m²という1986年フィンランドで最も濃く沈着した地域の小さな森の湖から採集している。パイクやパーチで10000Bq/kg前後になり減っていくのに対し、バーボットは、4000前後のローチやホワイトフィッシュよりやや高めの5000のピークに他より1年遅れて達し、急落していくという独自の動きを示している。

サクセーン達の調査の基本はミュニシパリティー※3を一つの単位として扱い、細かく湖沼に降下した放射能の量との関係でそこにすむ淡水魚の汚染状況を把握していることである。**図1、図2** サクセーン（2007）※4は淡水魚7000検体についてのセシウム137の計測値をまとめたものであるが、調査の綿密さと適確さに驚かされる。

このような調査とは別にサクセーン他3名（2009）では、1992年のイソヴァルク湖での動物プランクトン、水生植物7種、カゲロウ幼虫、ヤゴ、ユスリカ幼虫、オタマジャクシ、ミズダニ、ワラジムシ、深さ（cm）別堆積物、そしてパーチ（1986

〜2006年）のセシウム137の計測値が、一部は濃縮係数付で資料としてまとめられている。

2012年7月2日公表の環境省の水生生物放射性物質モニタリング調査結果のように時空的にバラバラの調査ではない調査を、日本でも行なう必要がある。なお、フィンランドには4基の原発があり、高レベル放射性廃棄物の深層地下最終処分場が建設中であるがその記録映画がマドセンの『100000年後の安全』。

※1　学名 Coregonus albuta、小型のニシンのようなホワイトフィッシュ。深い透明な湖にすみ、北欧のバルト海に注ぐ川に分布する。
※2　サクセーンの名前リトヴァは女性の名前。なお、現在フィンランドの大統領タロヤ・ハロネン、首相マリ・エビニエミは共に女性
※3　ミュニシパリティー（Municipality）は、自治体で日本の市や区に近いもの。2012年現在フィンランドに336あるようで、これらが、20の県さらに6つの州にくくられる。
※4　サクセーン（2007）「チェルノブイリ沈着後のフィンランドの淡水魚と湖水のセシウム137」寒帯（boreal）環境研究12：17－22

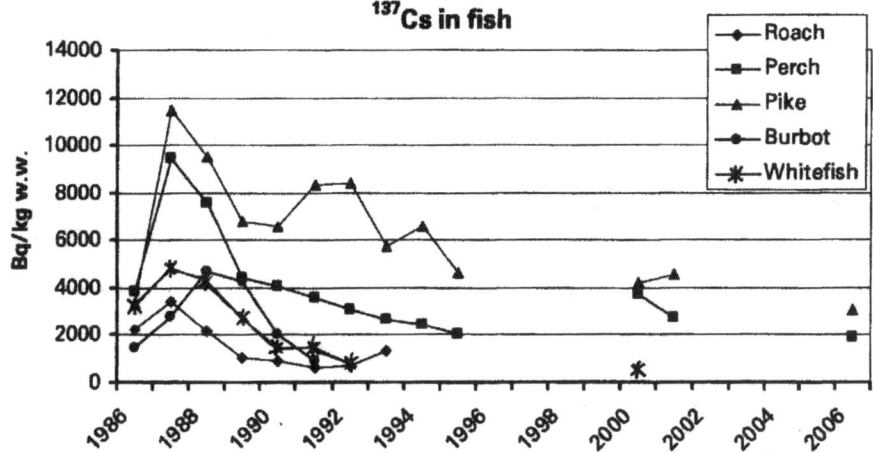

図3　1986年に45〜78 k Bq/m²のセシウム137の沈着量のあった地域（図1参照）の小さな森の湖で採集した5種の魚類の年平均計測値の変化（サクセーン他3名（2009）より引用）

8章 最初に気づいた
スウェーデンのラフェ

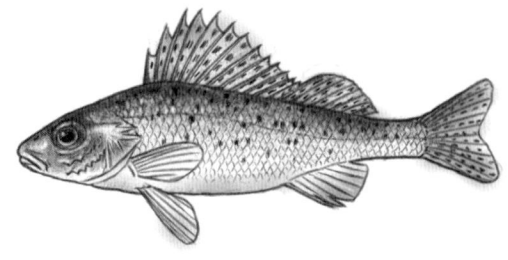

ラフェ　*Gymnocephalus cenuus*

パーチやパイクパーチと同じペルカ科　10〜15cmほどの小魚だが強い魚食性がある。そのためか昔はグルメに好まれた。パイク釣りの生き餌となる。

　1986年4月26日に起ったウクライナのチェルノブイリ原発事故は旧ソ連では国外に知らされていなかった。4月28日スウェーデン発で世界に知らされたのは、スウェーデンは科学技術が進んでいるからだと思っていた。しかし実際は4月28日朝7時、首都ストックホルムから120kmほど北に位置するフォッシュマルク原発内で作業員の靴底から高いレベルの放射線が検出され、3基の原発のどれかがトラブルを起したかと思われたが、実は…、ということだったらしい。

　そして同日午後7時に、チェルノブイリ原発事故をソ連は認めた。

　佐藤吉宗が『スウェーデンは放射能汚染からどう社会を守っているのか』の解題で述べている。防衛研究所、農業庁、スウェーデン大学、食品庁、放射線安全

表1　4大湖をはじめとするスウェーデンの湖沼の漁獲量（トン）

	ヴェーネン	ヴェッテン	メーラレン	イエルマレン	総量
標高 (m)	44	88.5	0.3	21.9	
面積 (km²)	5585	1912	1140	484	
容積 (km³)	151.6	74	14	2.9	
最大水深 (m)	100	128	61	20	
サケ	12	1	0.4	0	13
マス	2	3	0.1	0	6
イワナ	0	7	0	0	8
ホワイトフィッシュ	31	8	0	0.1	44
バンデース	340	0	6	-	347
ブリーク卵巣	17	0	0.3	-	17
パイク	35	2	26	27	96
パイクパーチ	100	3	161	200	502
パーチ	36	2	10	42	97
ウナギ	11	0	42	17	85
ザリガニ	10	86	0	88	184
その他	39	10	5	5	103
合計	603	136	250	378	1484

2011年のスウェーデン統計庁資料による

庁共著の2002年出版のこの本で、湖や河川から得られる食料ということで淡水魚については2ページほど割かれている。そして2つの図とも北欧原子力安全研究プロジェクト（NKS）※1の資料でフィンランドの湖についてのものなどである。

スウェーデンは国土のほぼ60％が森林で内水面率8.7％。それは96000から10万の湖沼よりなる40000km²の内水面があるためで、その構成は主に300km²以上の7つの湖と標高300〜400mのところにあるモレーン（氷河による堆積物）で形成されたストリングとかフィンガーと呼ばれる、ほとんどが長さ5〜6kmの小湖沼よりなっている。前者のうちの4湖を**表1**に、後者の湖での研究を**表2**に示した。

スウェーデンの4つの大きな湖で漁獲している魚の種類は多く、それが湖ごとに異なるのが面白い。一番大きなヴェーネン湖はホワイトフィッシュ、特にそのうちのバンデースを多く獲っているが魚食性捕食者のパイク、パーチ、パイクパーチもがっちり獲っている。100トン獲られているパイクパーチはパイクとパーチの雑種ではないかと言われたこともある魚だが、バンデースなどホワイトフィッシュを食べているのだろうか。ホワイトフィッシュと総称されるCoregonus（コレゴナス）属には100種くらいいると言われるくらい多様に種分化している。

これだけ大きく深い湖には何種類のホワイトフィッシュがいるかわからない。そしてそれらのどれをパイクパーチが食べているのか。ヴェッテン湖ではザリガニの漁獲が全漁獲量の6割強、どうなっているのか。また、メーラレン湖はパイクパーチがやはり6割強、何を餌にしているのか。イエルマレン湖は前の二つの湖を合わせたような漁獲物組織、本当にどうなっているのか。

表2　フラート湖における魚類のセシウム137濃度と食性（スンドボームとメイリ（2005）の2つの表より作成）

		セシウム137（ベクレル/キロ）		餌組成（％）				栄養段階	多様性
		範囲	平均	植物	底動	動プ	魚類		
全魚種	1192	376-8241	1862						
ローチ	390	438-1691	970	52	40	7	0	2.5	0.35
ブリーム	83	535-1170	824	36	59	5	0	2.6	0.30
キタカワカマス	93	1117-5378	2731	0	13	0	87	3.6	0.75
ラッド	29	376-2961	782						
ラフェ	27	697-2440	1206						
ホワイトブリーム	17	387-941	696						
パーチ（全）	553	508-8241	2789						
パーチ（Z）	109	1053-2456	1730	0	24	76	0	3.0	0.52
パーチ（B）	153	508-2831	1580	0	63	37	0	3.0	0.59
パーチ（BF）	196	907-6413	3451	0	56	0	43	3.3	1.11
パーチ（F）	95	3154-8241	4984	1	24	0	75	3.5	0.97

なぜこのようなことにこだわるかというと、次に検討するスンドボームたちの研究を知れば、淡水魚の放射能汚染は一つの湖の同一種でも何を餌にして食べているかによって、個体ごとに計測値が大きく異なってくるからである。
　ウプサラ大学陸水進化生物学センターのスンドボームと、ストックホルム大学応用環境科学部のメイリは、これこそが研究だという論文※2を2005年に報告している。
　2003年この2人に、ウプサラ大学の同僚2人とスウェーデン農業大学環境評価学部の研究者も加わり、〈淡水魚におけるチェルノブイリ由来セシウム137の長期的動態：体長と栄養段階の影響〉を、3つの小さな湖沼の8種の魚について15年間にわたって調査報告している。上記の2005年の論文は3湖の一つフラート湖について、より詳細に調べたものである。**(表2)**（前ページ）
　この報告の一番の目玉は、553個体のパーチについて、餌組成により動物プランクトン（Z）、底生動物（B）、魚類（F）などの何を主に食べているかで、グループ分けをしていることである。また、餌組成は明らかにされていないが、表2においてペルカ科のラフェのセシウム137の計測値が、パイクやパーチよりは低いが他のコイ科3種よりは高いのは、その生態との関連で面白い。セシウム137が60～80kBq/㎡降ったフラート湖の面積は、0.61k㎡、最大水深4m、水の滞留期間0.94年。そしてカルシウム21.8mg/ℓとカリウム1.0mg/ℓは、他の2湖の2～3倍ある。
　以上のように様々な湖で多くの魚種の多様な生活をする魚を通して、湖の中でセシウム137がどのようにふるまうかを調べるのは至難の業というしかない。
　参考までにそのようなことをモデル化しているのがスウェーデンのホカンソン(2000)の著書『湖と沿岸域における放射性セシウムのモデリング─生態系モデルづくりの新研究法』である。ここではその中の**図**を正確を期するため和訳せずに引用する。

※1　前章で紹介したダールガード編 (1994) はこのＮＫＳが1990～93年に行なった放射生態学プログラム（ＲＡＤ）の成果の一つである。
※2　「湖沼の魚類個体群内と個体群間でのセシウム137濃度の変異を決定する生態生理学的要因」カナダ漁業水系科学誌　62：2727－2739

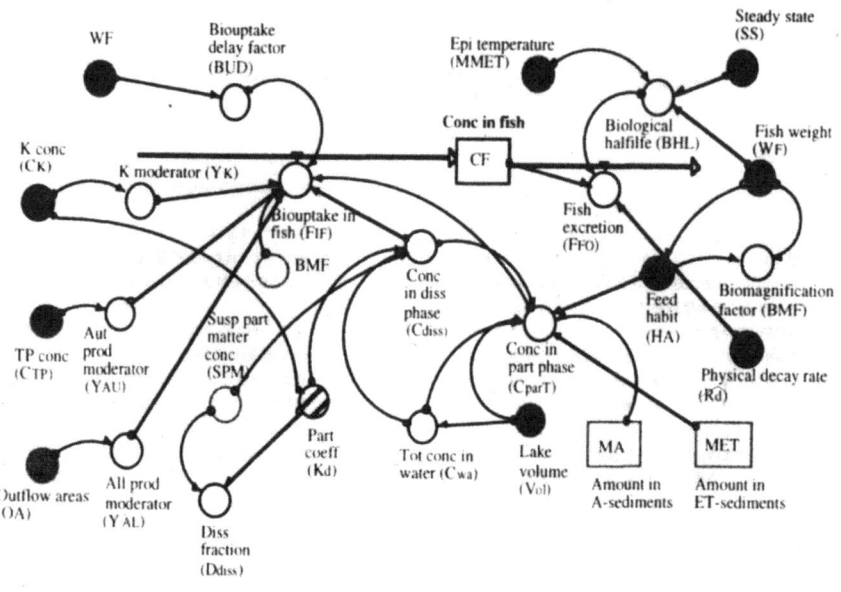

Fig. 1.27. An outline of the biotic part of the model for radiocesium.

図　放射セシウムのモデルの生物的部分（魚類サブモデル）のアウトライン
（ホカンソン（2000）より引用）

9章 空と海から
ノルウェーのブラウントラウト

　3章と4章で引用したヤブロコフ他 (2009) の淡水魚の高濃度に放射能汚染した研究例をよくリストアップしている表の中に、セシウム 134 と 137 と核種が明確で魚種も学名入りで特定できる研究として、ノルウェーのブリッタインら (1991) のマスについて 12500Bq/kg という計測値がある。

　そしてオスロ大学生物学部のヘッセンら (2000) の、マス (ブラウントラウト) のセシウム量がチェルノブイリ原発事故の翌年 1 年間とその後 10 年間にどう変化したかの図=**図1**を見て、3・11 後の淡水魚の放射能汚染がこれから 10 年どのようになってゆくのかを考えるのに、ずい分参考になると思った。

　調べてゆくうちに、ノルウェーでは淡水魚としてマスをというか、マスのみをチェルノブイリ事故の影響について集中的に研究していることがわかった。

　そしてその極めつきが、ブリッタインとイエルセット (2010) 〈ノルウェーの亜高山帯湖、ウーブレハイムダルスバトゥン湖のマスにおけるセシウム 137 濃度の長期的動向と変異〉水生生物学 642：107－113 である。

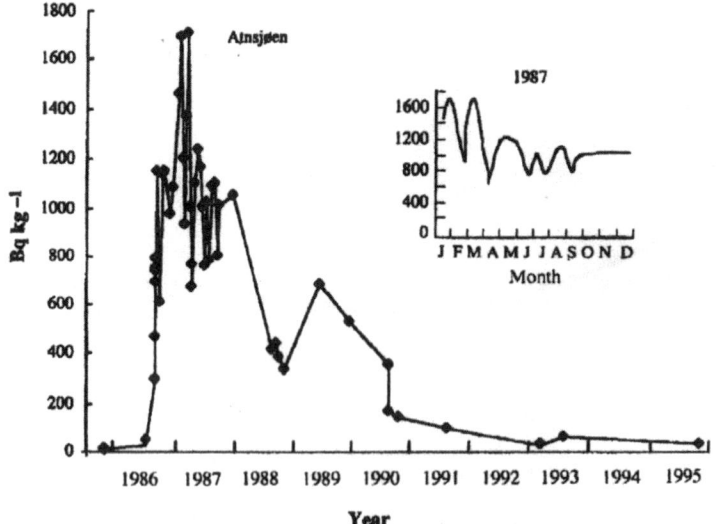

図1　アトンショーン湖におけるブラウントラウトの放射能の変化・最も頻繁に試料採取をした 1987 年を挿入　(ヘッセン (2000) より引用)

このジヨン・E・ブリッタインはオスロ大学の淡水生態学と内水面漁業実験所にいて、1970年頃より20年近くカゲロウ類とカワゲラ類の生活史を研究し続け国際研究誌にも12篇ほどの研究論文を発表している。
　しかし、1991年からは冒頭で紹介したマスの放射能について研究し始め、2010年まで湖沼生態系とマスと放射能に関する論文を15篇報告している。なぜこのようなことがわかるかというと、オスロ大学が臨湖実験所のあるウーヴレハイムダールスバトウン湖などに関する研究論文のリストをインターネットで公表しているからである。国際研究誌に発表された論文189のうち、放射能に関するものは45篇でブリッタインはそのうち3分の1を占める。同じオスロ大学のヘッセンは違う湖でマスを研究しているためかこのリストには出てこない。
　ところでこのウーヴレハイムダールスバトウン湖であるが、標高1090mにある最大水深13m、長さ3km、幅250mほどの小さな湖である。ただしこの何の変哲もない水たまりがヨートゥンヘイム山地の西端オスロから200kmのところにある。**図3**（37ページにある）からもわかるようにチェルノブイリ由来のセシウム137が4万Bq/m²以上18.5Bq/m²未満沈着した範囲にある。実際この湖には13万Bq/m²沈着したようである。

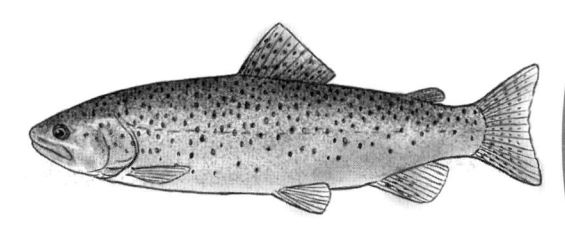

マス　*Salmo trutta*
日本でブラウントラウトと呼ぶ。原産地ヨーロッパではただ「マス」とか「普通のマス」と呼ばれることが多い。日本では北海道で少し自然繁殖し、マス類中唯一外来種の扱いを受けている。

　ブリッタインとイエルセット(2010)は、1986年より23年間、毎年平均50尾ずつマスを刺し網で漁獲し放射能を計測した結果を、次のようにまとめている。
　マスのセシウム137の濃度は体重、年令、性によって異なるが、とりわけ体重が影響している。1991年には500グラムの魚では平均2700Bq/kgのセシウム137が計測されたのに対し、100グラムの魚では600Bq/kgと明確な正の相関関係があったが2008年にはどの大きさでも平均250Bq/kgとなり、大きさによる差がなかった。
　200～300グラムのマスについて10年後にどのくらいセシウム137の計測値が変わるかという、いわゆる生態学的半減期を算出したところ**図2**（次ページにある）のようになり、始めの数年は3～4年で半減したものが事故後10年もたつと、半減するのに10年近くかかるようになった。これは画期的な労作といえる成果であるが、

非常に厳しい。

この湖は10月末から6月初めまで氷結している貧栄養湖であるが、降ったセシウム137が湖の堆積物と流出との間の平衡状態により、物理的半減期の30年に生態学的半減期が近づきつつあるのではないかとしている。

空から降ってきた放射能と取り組むのと並行して、ノルウェーの人々は北海を南から流れてくる放射能にも苦労している。(**図3**参照)

一例として、

「2002年3月21日の英ガーディアン誌報道。『ノルウェーの首相セラフィールドへの抗議を支持──昨日ノルウェーの首相はテレビ放送を利用して、セラフィールドからのイギリスの放射能放出に抗議するためベルゲンの市街に出るよう市民に呼びかけた。ノルウェー政府が発電所(ママ)からの汚染に対して法的措置をも辞さないことをイギリス政府に示し、首相はまたノルウェーの市で行なわれた昨夜のたいまつデモを支持した。そのデモは、ノルウェー・ロブスターの放射能汚染に焦点を当てたものであった。』なおこの時ベルゲン市では北海をとりまく10カ国の環境大臣の会議をやっていた。」──拙著『放射能がクラゲとやってくる』(七つ森書館 2006) より。

この翌年、ノルウェーの漁師たちはイギリスまで押しかけて英国燃料公社に対して抗議している。

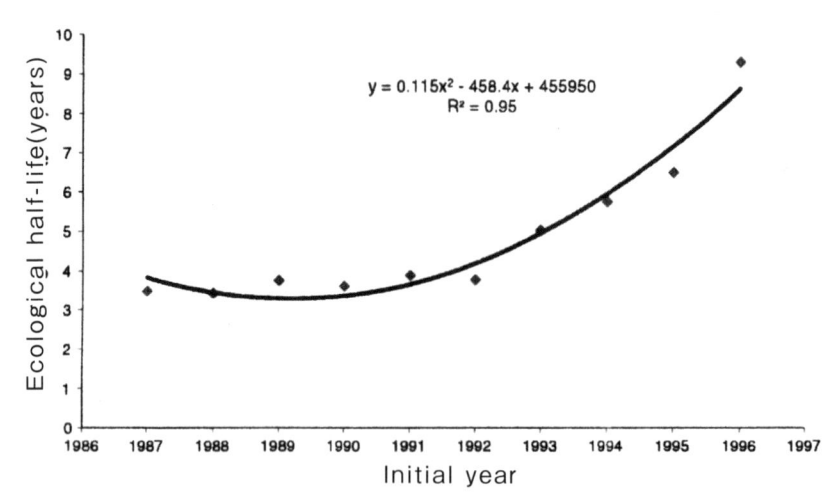

図2 ウーヴレハイムダールスヴァトゥン湖の200～300gのブラウントラウトにおけるCs137濃度の生態学的半減期 (1987年から10年ごとに計算)
ブッリタインとイエルセット (2010) より引用

グラフ中の式: $y = 0.115x^2 - 458.4x + 455950$, $R^2 = 0.95$

海洋中の放射能の流れと分布

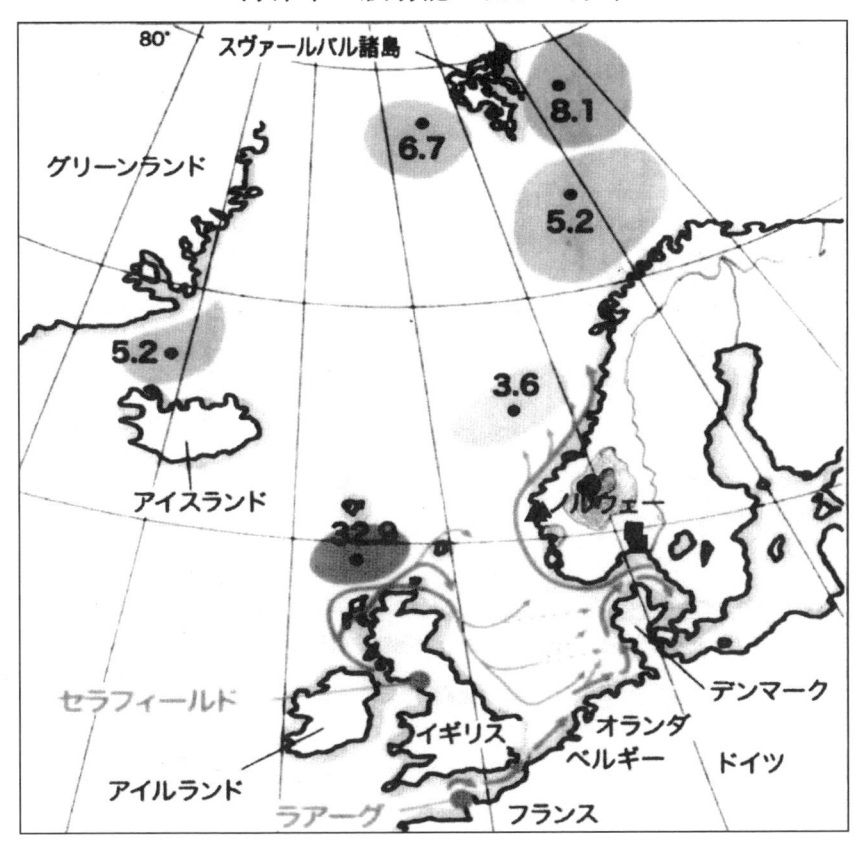

カウツキー（79年）による71年から78年のセシウム137の流路と、カーショウ他（99年）による94年のプルトニウム239と240の分布について、39地点の放射能濃度の測定値を6海域別に平均値（ミリベクレル／立方メートル）を求め、作成した。

図3　筆者が『婦人之友』2007年8月号で発表した図に、ノルウェーでのCs137の地表沈着量濃度分布と首都オスロ（■）、ベルゲン（▲）及びウーブレハイムダールスバトゥン湖（●）を加筆

第Ⅰ部　世界の淡水魚の放射能汚染

10章 まさかのことが
グリーンランドのイワナ

グリーンランドは世界最大の島で、島の大半が北極圏に位置する島の面積の81％を氷床が覆う。人口は56000人、日本の面積はグリーンランドの17％だ。このグリーンランドに、チェルノブイリ原発事故由来のセシウム137がどのようにして来たのか。

イワナ　*Salverimus alpinus*
英名アークティック・チャー（ホッキョクイワナ）　日本のイワナ（学名 *S. leucomaenis*）には、アメマス（エゾイワナ）（*S.l.leucomaenis*）、ニッコウイワナ（*S.l.pluvius*）、ヤマトイワナ（*S.l.japonicus*）、ゴギ（*S.l.imbrius*）の4亜種がある。北米原産のカワマスは同属。

本書・表紙裏のヨーロッパにおけるセシウム137の地表沈着量の図には、アイスランドのもっと北西に位置するグリーンランドは記載されていない。チェルノブイリからの距離がグリーンランドとほとんど同じで、東に位置する日本も記載されていない。実は日本の地球の真裏にグリーンランドはある。

ダビッドソン他5名 (1987) は『サイエンス』誌237で、セシウム137がグリーンランドの氷上に0.22mCi/km²（約8Bq/m²）沈着したと報告している。これは東まわりで北米を横切って分散したと考えられているが、その途中にある日本での95Bq/m²という報告との関係は分析がなかなか難しい。

それはそれとして、デンマークのダールガード他3名 (2004) の〈グリーンランドの環境における放射能汚染のレベルと動向〉（総合環境科学 331, 53-67）は興味深い。

1999年に南西端のイソートクで採集したイワナから、体重1kg当り79ベクレルのセシウム137が検出された。濃縮係数が37000と計算されたが、そのセシウム137の10％がチェルノブイリ由来であり、大部分が1950年代から60年代にかけての核実験からのフォールアウトに起因すると、1970年代からのアークロッグやAMAP（北極のモニタリングとアセスメント）報告をもとに推論している。

海のほうでは、英仏の再処理工場から垂れ流される放射性廃液が流れて来て沿岸を洗っている。人口も少ない極北の地、人類の核開発や核利用と縁遠いように思われるが、放射能はふきだまりのようにして北極のまわりに流れて来たり、降ってきている。

なお、リンドをはじめノルウェー、ベルギー、スペインの研究者6名が、ダールガードらの3年後に同じ研究誌で、「スペイン・パロマエス1966とグリーンラ

ンド・チューレ1968の核兵器事故で発生したウランとプルトニウム粒子の特徴」を報告している。ともに、熱核爆弾を搭載したアメリカのB-52爆撃機が空中で火災炎上し、墜落爆発したという事故である。

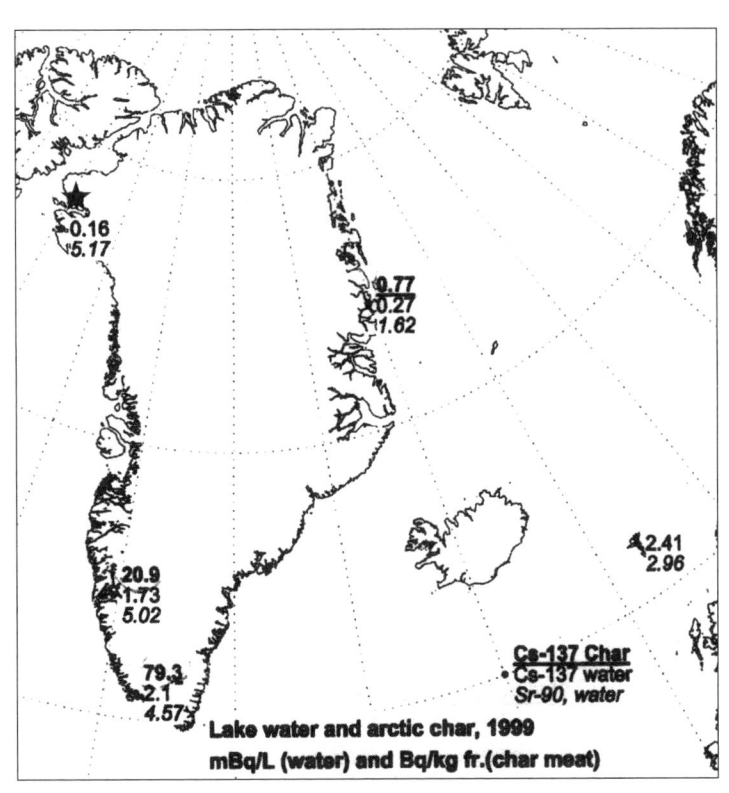

図　1999年の湖水のCs137とSr90（mBq/L）とイワナのCs137（Bq/kg）
（ダールガード他3名（2004）に★（チューレ）を加筆）

11章 ダニューブ川のほとりで

オーストリア、ハンガリー、ルーマニアの地衣類

ドイツ読みでドナウとも呼ばれるダニューブ川は、ドイツのバーデン・ビュルテンベルク州の黒い森ドナウエッシンゲンに源を発し、主流はオーストリア、ハンガリー、ルーマニアを流れ黒海に注ぐ。総延長2872kmでボルガ川に次いでヨーロッパ大陸第2の大河である。その流量は毎秒2000㎥と信濃川の4倍と大きい。

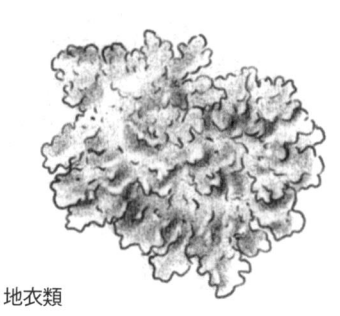

地衣類

イギリスからの羊毛の染色法として、ウメノキゴケをアンモニア液に浸して深紅色になったもので染めるのがある。牧場で羊の尿溜りにウメノキゴケのついた古木が浸っているところに羊が落ちて染まったのがこの染色法発見のきっかけかもしれない。

オーストリアは西部にアルプスがあり、標高の高い所に位置することもあって、チェルノブイリ由来のセシウムの地表沈着量は多いが、淡水魚の調査は見当たらない。

ウイーン工科大学のマリンゲルは、20年近くダニューブ川について水質や底質について調査を行なっているが、魚のセシウム137濃度についてはハンガリーの国際会議報告を引用している。

オーストリアには原発がないがハンガリーには4基、ルーマニアには2基ある。そういったこととどう関係するのか全くわからないが、オーストリアでもルーマニアでも、地衣類(lichen)と苔類(moss)のセシウム137の蓄積に関する研究が目立つ。

地衣類とは何か。日本では梅の古木、石垣、墓石などに付着しているというか、生えているウメノキゴケがその代表といえる。これは空気中の金属をよく取りこむことと関係あるのか、セシウムの取り込みの指標生物として地衣類を研究している人が多い。TMI事故の長期的放射能汚染のモニターとして、水中の表層付着植物(periphyton)が使えるという報告もある。

なお、フィンランドやスウェーデンではトナカイを飼育しよく食べるので、その肉に蓄積されるチェルノブイリ由来の放射能の研究がさかんだ。トナカイの餌は地衣類と苔類なのでそれらについてもよく研究されている。

忘れてならないのはオーストリアのウィーンには、国際原子力機関(IAEA)の本部がある。

IAEAは国連傘下の自治機関であり原子力の平和利用を促進し、軍事転用の監視・防止を目的とする。アイゼンハワー米大統領の「平和のための核」国連総会演説が引き金となり1957年に創立されたことからもわかるように、原発推進の国際機関といえる。

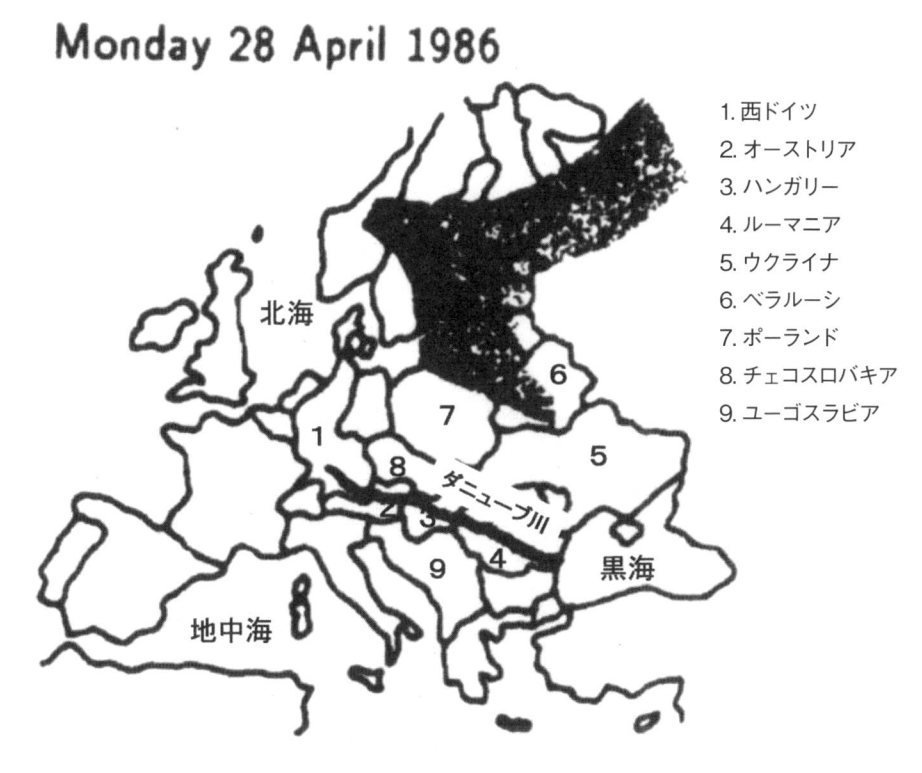

Monday 28 April 1986

1. 西ドイツ
2. オーストリア
3. ハンガリー
4. ルーマニア
5. ウクライナ
6. ベラルーシ
7. ポーランド
8. チェコスロバキア
9. ユーゴスラビア

図　ダニューブ川流域の国々とチェルノブイリ原発からの1986年4月28日の放射能雲

12章 このような国でも
クロアチアのコイ

コイ（鯉）はもともとユーラシア大陸の温帯アジアから黒海やエーゲ海に注ぐ川（特にダニューブ川）に分布の源を持つ魚である。

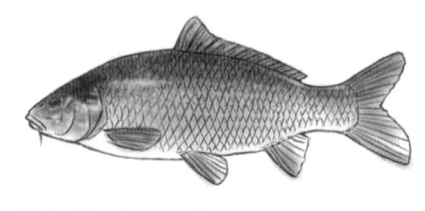

コイ　*Cyprinus carpio*
ダニューブ川流域以東が原産地のヨーロッパからアジアの魚だが世界中に移殖され、北米では外来魚として問題とされている。底生動物を主に餌とする雑食性魚。食用としての養殖の歴史も長い。

それが現在では北米の北緯50度以南にも移殖によって分布し、アジアや日本からの外来魚の代表として害敵視されている地域もある。今となっては南米、アフリカ、オーストラリアと5大陸すべてに分布している。

ヨーロッパではコイが魚として高く評価され、昔から養殖の対象として品種改良も熱心に行なわれてきた。特にドイツでは大きな鱗が数枚残ったカガミゴイや皮だけになったカワゴイがつくられ、100年ほど前にはドイツゴイとして日本にも輸入された。

バルカン半島に位置するクロアチアは1991年に共和国として独立した56000km²、世界で123位という小さな国である。何よりびっくりするのは、その面積の0.2%という水面積率のとてつもない小ささである。とはいえ日本の水面積率は0.8%であるからそれほどのことではないのかもしれない。ところが森と湖の国といわれるフィンランドは何と9.4%である。

その川も湖も少ないクロアチアで最も漁獲量が多く、よく食べられている淡水魚がコイということで、2000～2006年の年平均漁獲量は3,800トン、国民一人当たりの年間消費量は0.9kgになる。約440万人が同じようにこれだけ食べている訳でなく、好きでよく食べている人は5kgも10kgも食べるだろう。

そこで、首都ザグレブにある医学研究と職業衛生研究所のフラニックとマロヴィック（2007）[※1]は、チェルノブイリ原発事故で降った放射能で汚染したコイを食べた場合に、人々の健康にどの程度影響するのかを調べた。

試料のコイは、ザグレブとオシジエックの魚市場で晩春、または初秋に年一回求めると同時に、それぞれの市内を流れる川から晩春に水を採取した。図参照コイは灰化する厳密な方法で分析し、まずコイについてのセシウム137の生態学的半減期を求めた。

セシウム137の物理学的半減期は30年だが、コイの体内での存在量が半分に

なる期間（生態学的半減期）は 1987 〜 1992 年は 1.05 年、1993 〜 2005 年は 5.05 年と濃い時期には短かく、その後ゆっくりと減ってゆくことがわかった。これはすでに見てきたノルウェーをはじめとする多くの研究者の同様な研究で得られた結果と同じ傾向である。

さらにいろいろ綿密な検討も行い、物理学的半減期が 2 年のセシウム 134 とセシウム 137 との割合が、どのように変わってゆくのかもチェックしている。また、川の水のセシウム 137 の

図　採集地等の地図　（フラニックとマロヴィック（2007）の図にクルスコ原発とドブロヴニクを加筆）

濃度に対するコイ体内の濃度の比よりなる、いわゆる濃縮係数も求め、ザグレブの川で 129、オシジエックの川で 125 としている。ただし、市場で購入したコイが養殖された養殖場がどこかわからないので細かい検討はしていない。

最後に、クロアチアの成人一人がコイを食べていることによって取り込むセシウム 134 とセシウム 137 からの放射線量は 1987 〜 2005 年で 0.5 マイクロシーベルトと小さいとし、チェルノブイリ事故後のフォールアウトによる放射性セシウムを含むコイを食べることは危険ではないと結論づけている。これだけていねいに言われると納得する。

クロアチアのコイでは 1987 年に最大 19.5Bq/kg のセシウム 137 が計測されている。その年の 10 月に福島県ではコイから 0.26Bq/kg、広島県では 11 月に 0.22Bq/kg のセシウム 137 が計測されている。そして日本海側の秋田県では 0.89Bq/kg の計測値がある。

これは 1984 年と 1985 年の平均値が 1986 年チェルノブイリからのフォールアウトで 2 〜 5 倍になった翌年の値である。1960 年代から秋田県の値が常に太平洋側の地域の計測値より高いのは、中・ソの核実験やチェルノブイリ原発事故による西風で運ばれる放射性物質はまず日本海側に降って、その後残りが太平洋側に降ったからである。その秋田の値でも、単純にクロアチアの 20 分の 1 より少ない。3.11 以後、福島県で計測されたコイのセシウム 137 の値は天然もので

78Bq/kg（23検体平均）、養殖もので26Bq/kg（17検体平均）となっている。

　クロアチアでは1986年5月に観測された表面の沈積量6200Bq/m²が、チェルノブイリからのフォールアウトによる最大値とされている。これを3.11以後の東日本で考えてみると、宮城県、山形県、茨城県北部、栃木県南東部などで計測されている値に相当する。これらの地域のセシウム137の量をもっと詳しく測れば、クロアチアとの比較ができいろいろと考えられる。

　福島県の値は、クロアチアよりチェルノブイリからのフォールアウト量が多かった地域のコイについてのものといえる。茨城県の霞ヶ浦で養殖もの、13.8Bq/kg（9検体平均）という計測値があるが、この点については第Ⅱ部2章でさらに検討している。

　本書で取り上げられる22の外国のうち、筆者が訪れたことがあるのは4ヶ所である。英国はスコットランドにあるセラフィールドの再処理工場を、インドはムンバイ、そして香港には3度ほど訪ねているが対岸の大亜湾に中国の原発があることは常に意識していた。

　しかし、1998年ピースボートの世界一周の途中で寄ったクロアチアでは、巻貝の採集に夢中でチェルノブイリの影響については全く考えもしなかった。フラニックは1993年に、アドリア海やそこで獲れるヨーロッパのイワシについての調査を国際的な研究誌に報告し、昨年には海底堆積物の放射能について研究報告を行なっている。そんなことを全く知らず、ドゥブロヴニクでのオプションツアーでカキ料理を食べに行ったり脳天気に過ごした。※2

　1991年、クロアチアはユーゴスラビア連邦から共和国として独立した。西にスロベニア、北にハンガリー、東にボスニア・ヘルツェゴビナ、セルビアと国境を接し、また南はアドリア海に面しているが、飛び地のドゥブロヴニクでは東にモンテネグロと接している。遠い国の話として聞いていたボスニア紛争や、セルビア問題の当事国であるが故、ピースボートの寄港地になっていた訳である。フラニックが1993年に出しているもう一つの報告〝クロアチアにおける戦時中の居住区と避難所におけるラドンの線量等価〟というタイトルを知って、そのことを深く思い知らされた。なお、分離した西のスロベニアとはクロアチアの首都ザグレブから西北西36kmにあるクルスコ原発を共同所有（50%、50%）し管理している。

※1　フラニックとマロヴィック（2007）チェルノブイリ事故後のクロアチア北部のコイにおける放射性セシウム濃度についての長期的調査．環境放射能誌．94：75－85
※2　これは食べたカキの放射能汚染がどうだったとか、そんなことも気にせずにという意味ではない。そのカキは心配する必要がないと今聞かれたら答えるが。

3　ニジマスについて

　原産地アメリカという国のふるまいもあってどちらかというとニジマスという魚に私はあまり好い感じをもっていない。世界中いたるところにニジマスが放流され分布していることにコカコラニゼーション的現象だとして皮肉ったこともある。しかし、ニジマスの祖先はヨーロッパというのもまた皮肉である。

　日本でもそうだが移植放流されたニジマスがその川で自然繁殖した例はあまり多くない。それゆえ世界中どこでも養殖魚として利用されている。チェルノブイリ由来の放射能汚染については餌も底質（堆積物）も自然においてとは異なり養殖ニジマスは自然の生態系とは切り離されて生きている。福島第一原発の事故については日本の養殖魚でもその通りのことが起った。

　福島県で養殖ニジマスは2011年6月2日に大玉村で35Bq/kgが計測されたのが目に付くが、他の20検体はほとんど検出限界以下（ND）であった。天然のニジマスはどうかというと、川では養殖ものの放流か養殖場からの流失が大部分なためかほとんどNDであった。ただ栃木県の中禅寺湖で平均160Bq/kg（2検体平均）湯の湖で33Bq/kg（7検体平均）その後の計測分をも含めて90ページでは他のマス類と比較している。

　世界中といっても北の高緯度の水温的に生活しにくい国や社会主義国など意識して導入しない国もある。日本でのニジマス受容の歴史も複雑で円安時代にアメリカへの輸出向けで始まった養殖だが円高で減産し、外来魚騒ぎではグレイゾーンの扱い、ブラウントラウトはクロ。

　チェルノブイリ原発事故以前からニジマスを多く利用していたオーストリア、フランス、イギリスなどはポストチェルノブイリ時代にはその利用の度合いをますます高めた。

　ショックだったのは、フィンランドやスウェーデンなど利用する淡水魚の中でニジマスは4位ぐらいだったのが、チェルノブイリ事故後は淡水魚の利用の半分をニジマスに頼らざるを得なくなったことである。魚の食べられなくなる世界でニジマスだけが健在とは。

BOX

13章 コルスマスの島

フランス・コルシカ島のウナギ

コルシカ島は地中海にあるフランスの唯一の島で、イタリアというブーツのつま先に位置するシチリア島、ナポリのはるか沖合西のサルデーニア島、地中海の東の最奥に位置するキプロス島、に次いで4番目の大きさで日本の広島県に相当する面積をもつ。島のほとんどを2500 mを超える山の連なる山岳地帯が占める。温暖な地中海気候であるがスキー場が4ヶ所ある。

人口約30万人でナポレオンの生地であるが、60年代のシャンソン歌手エンリコ・マシアスの出身地でもある。1863年にコルシカ人の化学者がコカの実からコーラの元祖を発明したことでも知られる。コルシカ人はフランス本土と離れ異なる文化を持っていることを誇りにしており、古代ギリシャの人々から一番美しいという意味のカリスタと呼ばれ、現在も「美の島」と名付けられている。

大陸から離れ山がちということもあって、生息する淡水魚は32種と少なく、そのうち12種が在来種である。それも海との関係がある、ウナギ、ニシンダマシ、トゲウオ、川のマス、トウゴロウイワシのなかま、そしてギンポのなかまと、いわゆる純淡水魚はほ

ウナギ *Anguilla anguilla*

産卵場はバミューダ沖のサルガッソスイーの大西洋ウナギ。日本のウナギ（*A.japonica*）と共に漁獲量がこのところ減っている。たたみいわしのようにしてシラスウナギを食べていた時代もある。

○ 河川の採集地点
▲ 湖の採集地点
● 採集した貯水池

Cタビグナーノ川

図1　1986～89年に採集したコルシカ島の川と湖と貯水池（デスカンプ（1991）の図1を一部改変して引用）

とんどいない。そして移殖された外来種20種はカワムツに似たchevaineやタナゴやフナに似たgardonやrotengleなどコイ科の止水域にいる魚である。なお、北米原産のカワマスも日本と同じように導入されている。

フランスの原子力エネルギー庁、核防護安全研究所（IPSN）、環境調査研究部（SERE）ローヌ川流域放射生態学実験所※1のデスカンプ（1991）は『放射線防護』の26巻3号515-535に〈コルシカの川、貯水池そして山上湖の魚へのチェルノブイリからの放射性降下物の影響の進行〉という論文で、フランスでは数少ない国際誌への淡水魚の放射能汚染に関する報告を行なっている。

a) 川の魚

島内6本の川の上下流域9ヶ所でウナギ、マス、ボラ（muge）、テンチ（tanchi）の75サンプルの平均体重は詳しく表になっているが、セシウム137とセシウム134の測定値については文中で1kg当りのベクレル値として

　　Cs137　　マス　32.3　　ウナギ　7
　　Cs134　　マス　15　　　ウナギ　3.3

としか書かれていない。21ページと比較的長い論文なのになぜこれしか触れないのか理解に苦しむ。ここでマス（truite）としか書かれておらず学名も何もないが、これはLa truite Corseと言われるコルシカ固有のブラウンマスの亜種コルスマス（*Salmo trutta macrostigma*）と考えられる。いわゆるブラウントラウト（*Salmo trutta*）はヨーロッパが原産地で、ただ〝マス〟とか〝ヨーロッパのありふれたマス〟と呼ばれている。それに対し外来魚であるニジマスはrainbow trout（truite arc-en-ciel）、カワマスは*Salvelinus fontinalis*そのままにomble de fontaine（泉のイワナ）と呼ばれたり、saumon de fontaine（泉のサケ）と呼ばれている。

b) 貯水池の魚

タビグナーノ川の下流域近くのテペ・ロセ貯水池の4種の魚について1986年7月から1989年まで毎年セシウムを計測している。なお4種の魚を説明すると魚食性のペルシュ（英語でパーチ）、サンドレ（英語でサンダー）この魚はパイクパーチとも呼ばれる大型のパーチで、両者のハイブリッドと考えられた時期もある。学名は*Stizostedion lucioperca*（東欧にしか分布しなかったがヨーロッパ各地に移殖された）。コイ科のロテングルは他にガルトンとも呼ばれ、英語ではローチとかラッドとか呼ばれる。学名は*Scardinius erythrophthalmus*でフナ型をしたオイカワのような魚。

セシウム137については**図2**を引用する。縦軸は対数目盛であるがサンドレの場合178→24→12→9と減少し、出発点はペルシエ82、ロテングル21、コイ11と異なるがみなサンドレと同じように減少している。セシウム134も出発点はサンドレ84、ペルシュ37、テングル10、コイ5と異なるが1989年はそれぞれ1.5、1.3、0.4、0.1と、減少する点ではセシウム137と同じであるが、より激しいのはセシウム134の半減期が2.1年だからといえる。

c) 山上湖の魚

マスとカワマスについて調べているが、興味ある結果がでている。**図3**に示すように、標高の高い所に位置する湖でのほうが、マス類での放射能汚染の程度が高い。ここでカワマスがマスより計測値が高いのは、カワマスは1888年、マスは1989年に採集しているためと考えられる。

なお、標高2231mのロトンド湖で1987年7月に採集したマスで、セシウム137が体重1kg当り32ベクレルあったことなどをも考えると、標高の高い所に位置する湖ほど、チェルノブイリからのセシウムは多く沈降したということが言える。

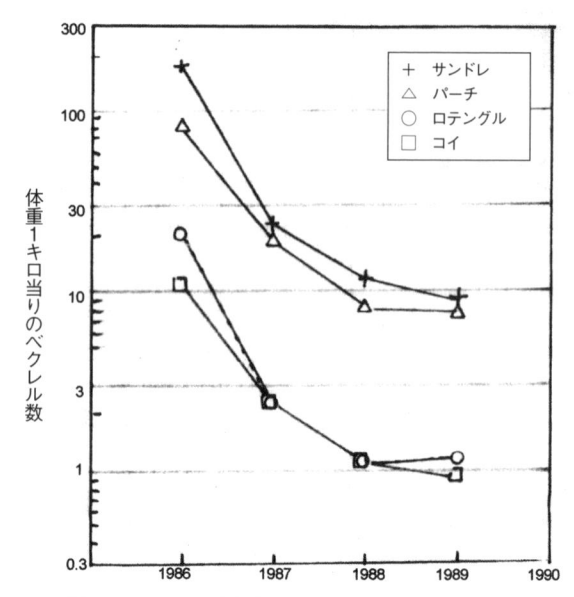

図2　テペ・ロセ貯水池の魚のセシウム137の濃度（デスカンプ（1991）より引用）

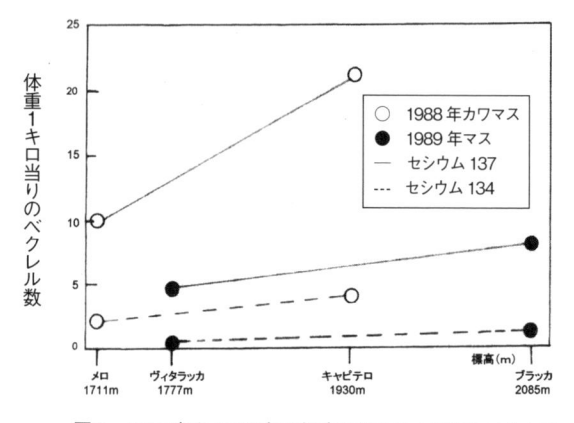

図3　1988年と1989年の標高の異なる4湖におけるカワマスとマスのセシウムの計測値（デスカンプ（1991）より引用）

※1　日本でこれに比較的良く似た文科省（前科学技術庁）の放射能医学総合研究所、那珂湊放射生態学研究センターは2011年3月31日に廃止された。

4　原発の温廃水をどうするか

　原子力発電はウラン燃料を核分裂させ、火力発電は化石燃料（石炭、石油、LNG（液化天然ガス）など）を燃やして高熱をつくりそれで水を蒸気にしてタービンを動かし電気をつくっている。その使用した蒸気を冷却して再び水に戻して使い続ける水冷式の内燃機関である。

　この冷却水を川や海から取水して昇温した排水として再び元に戻す1）使い捨て（once-through）方式と、2）昇温した排水を冷却塔（cooling-tower）でもとの水温にまで冷やす方式と3）大きな池、貯水池（cooling–pond）、水路から取水し、昇温した水をまたそこに戻して冷やす方式、そして4）冷却塔又は冷却池と1）の方式を併用する方式とがある。

　安全エネルギー連絡会議（SECC）のリンダ・ギュンターら4人のNPOのメンバーが2001年に出した報告書「許可された殺し（Licensed to kill）—原発産業は経費節約のためにいかに危機にある海洋野生生物と海洋を破壊しているか」の最後にアメリカの原発がどのような冷却システムを採用しているかの詳しい付表がある。そのまとめによると、1）48、2）33、3）11、4）11となっており、使い捨て方式をやめて、2）とか3）の閉鎖（closed）方式にしろというのがこの報告書の主張である。

　大きな川や湖が無くお金をかけたくないということで日本の原発はすべて海岸に建てられて海水を冷却水として用いている。その結果沿岸漁業の盛んな日本では、温廃水の漁業への影響を心配する漁民の反対で全国30ヶ所近くで原発建設計画が阻止されている。

　原発温廃水による漁業への影響は1985年の「科学」8月号で「温廃水と漁民」として報告し、この時初めて温廃水という語を明確にし、この語を用いることを提案している。しかしながら、電力会社やわかっていない反原発研究者でも温排水を用いる人がいる。伊方原発訴訟での原告である漁民たちは廃熱、放射能、化学薬品三位一体の原発廃水と言っている。悪水と呼ぶ漁師もいる。

　2010年11月に筆者は水産海洋学会で「南薩摩海域の温廃水を避けたよこわはどこに行ったか」という報告を行なった。この内容をもとに年内に「原発温廃水による漁業被害—川内原発」(仮題)を上梓の予定である。また、大間原発については「マグロと原発」の出版を予定している。

BOX

14章 原子力帝国

フランスのニジマス

アメリカの104基に次いで、フランスは59基と世界で2番目に原発が多い。

3位の日本、4位のロシア、そしてアメリカで原発の大事故が起こり、今もっとも大事故が心配されているフランスは、電力需要の60%を原発が供給している。隣のドイツと較べても、世界で最も原発に邁進している国といえる。

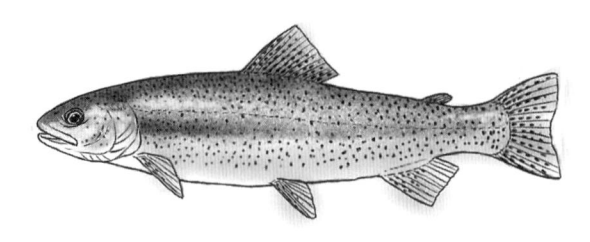

ニジマス　*Oncorhynchus mykiss*

英名レインボウトラウト。降海型はスチールヘッドトラウト。北米原産だが世界中に移殖されている。BOX7 も参照。水生無脊椎動物を幅広く餌としている。ブラウントラウトが単独での待ち伏せ捕食なのに対して小型のニジマスは群れて摂食。大型魚はカエルやネズミをも餌とする。

図に見られるように、4ヶ所の海岸以外の17ヶ所は大きな川の水を冷却水として用いている。中でもフランス南部を流れる812kmのローヌ川は、沿川6ヶ所に原発があり、年間平均流量が1712m³/secの所もある大きな急流。

1991年 IPSN/SERE 内水面放射生態学研究所のフルキエら[※1]は、『応用水系生態学』誌に〈仏の河川における原発の放射生態学的影響の実例調査〉という43ページの論文を報告した。ローヌ川で上流から2番目のブゲイ原発をはじめ全国6ヶ所の原発について、1974年から1990年まで16回魚類を採集し、セシウムやコバルトを計測している。

常に原発の上流と下流とで調査しているが、ブゲイ原発では1977年に下流のみで、1986年のチェルノブイリ事故後に上流で検出されたような、セシウム137のkg当り11ベクレルが計測されている。

2000年に国立化学研究センター放射生態学実験所のボウダンらは、『水研究』誌に恐ろしい実験を報告している。ローヌ川の水で飼育した体重10グラムの養殖ニジマスに、1cc当り100ベクレルのセシウム137とマンガン54、および300ベクレルのコバルト60の放射能汚染水中で飼育したコイの稚魚を餌にして育て、115日間週に一回ニジマスが放射能をどのように取り込み排出するかをホールボディカウンターで計測した。求められた生物学的半減期は核種によって異なりセシウム137では940日であった。

1989年、フランスの漁業者は1665トン漁獲したが、そこではニジマスはゼロ

という統計がある。同年FAOの資料ではサケマス類の養殖生産31350トンのうち、ブラウントラウト1350トンを除いた3万トンはすべてニジマスとなっている。サケマス以外のコイ等の養殖生産量は1万トン位。なお、フランスのスポーツフィッシングの3分の1は餌釣り。フライフィッシャーマンは最も数が少ないという報告もある。

※1　5名の著者の3番目にいるデスカンプはコルシカ島でよい調査報告を行なっている。チェルノブイリからの放射能はローヌ川とコルシカ島で同じレベルで降った。

図　フランスにおける原子力発電所等の建設地点

15章 脱原発の足どり

ドイツのシロマス

チェルノブイリ原発事故について1989年11月4日付の朝日新聞、〝新生児死亡率事故後に上昇、西独の研究者が論文〟という小さな記事が印象深かったのを覚えている。特に南部のバイエルン州とバーデン・ヴュルテンブルク州という放射能雲が通過した地域の名前が。

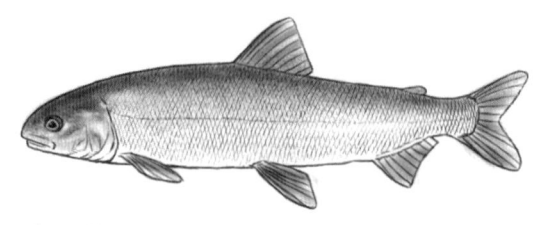

シロマス

これは無理に付けられた和名で、一般に *Coregonus* 属の魚はホワイトフィッシュと総称されている。100種以上に分けられているがヴェンデース（*C.albula*）、ポウリン（*C.lavaretus*）、ポーラン（*C.autumnalis*）などがヨーロッパでは知られるサケ科の魚。

熊谷徹の「なぜメルケルは『転向』したのか―ドイツ原子力四〇年戦争の真実」にある〝原子力発電に反対する抗議行動への参加者数〟の図で、1987年デモや集会の数が110回、のべ参加者数47万人と最高に達したことの意味は重い。

これらのデモで多いのはバイエルン州中東部で建設中のバッカースドルフの再処理工場に反対するもので、その地元住民の激しい闘いを記録した映画『核分裂過程』は感銘深い。この再処理工場は1989年6月「経済性」を理由に電力業界と政府が建設計画を放棄した。

バイエルン州はミュンヘンを州都とするドイツ最大の州であるが、ドイツの南東部に位置し、チェルノブイリ原発事故による放射能汚染の被害がドイツで最大であった。図にみられるようにその影響は今も続いている。

これは川魚に関する20年間の3048サンプルについてのものであるが、1986年100～1000ベクレルだったノーザンパイク、ヨーロピアンパーチ、シロマス、カワマスのうち、ノーザンパイクとヨーロピアンパーチが1990年まで100ベクレル以上だが、シロマスとカワマスは2～4年で100ベクレル以下になり、1996年には10ベクレル以下になる。

魚食性の強いノーザンパイクとヨーロピアンパーチは、1991年から15年間、ゆっくり100ベクレル以下10ベクレル以上を維持し続ける。ヨーロピアンパーチより一ケタ低いレベルで似たように安定して低下し続けるシロマスの動向が、食性との関係で興味深い。

コイ科のコイとブリームのレベルと低下の仕方は、北欧に較べて放射能汚染の

影響が低かったドイツならではの傾向といえる。

　この資料が掲載されている「バイエルン地方の環境2006」には、他にも飲料物(3146サンプル)、蜂蜜その他(2088)、牧草・乳製品(31212)、野生生物(18430)、キノコ・ベリー類(3998)、穀物・野菜など作物(10680)といったセシウム137に関する計測結果が掲載されている。

　ドイツ放射線防御令第47条で、〝乳児、子供、青少年にたいしては1kg当り4ベクレルを超えないようにする。成人は1kg当り8ベクレル〟というのは、このような多様な食べものに関する調査結果にもとづくものということで、納得できる。

　東日本大震災の約2週間後、ドイツ南西部の保守王国バーデン・ヴュルテンベルク州の州議会選挙で、結党以来一貫して原発の廃止を求めてきた環境政党「連合九〇・緑の党」が得票率を24.2%と2006年より倍増させた。

　そして6月9日のメルケル首相の連邦議会演説があり、6月30日にドイツ連邦議会は原子力法を改正し、おそくとも2022年12月31日までに全原発を廃止することを、83%の賛成で決定した。

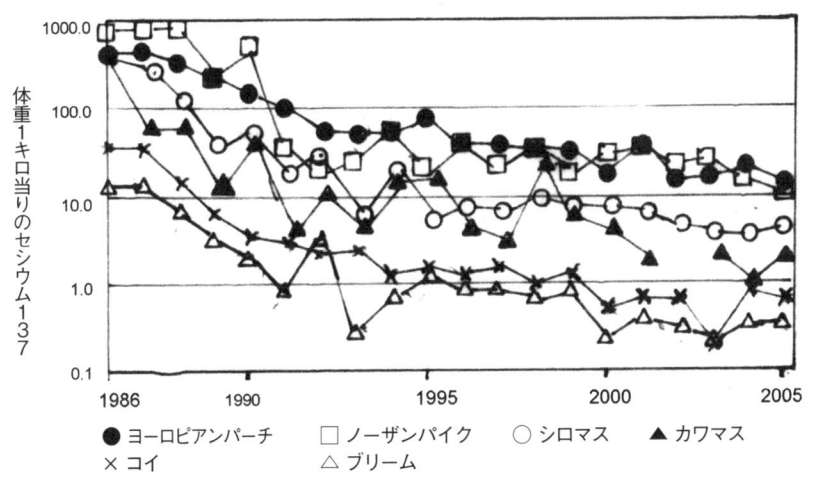

図　バイエルン地方における川魚のセシウム137濃度変化（「バイエルン地方の環境.2006」をもとに木村東京農工大准教授が翻訳・作成した図を野中新潟大教授が引用した資料より。ウナギとマスを除いて用いた。）

16章 カンブリア湖沼域
イングランドのパーチ

イギリスは大ブリテン島の北部のスコットランド、南西部のウェールズ、南東部のイングランドそして小ブリテン島北部の北アイルランドの4地域よりなる英連合王国（UK）の別称である。イングランドの首都ロンドンより北西約400kmに位置するレーク・デイストリクト（湖水地方）はカンブリア地方として有名で、この美しい湖沼地域に住んだベアトリクス・ポッターはピーター・ラビットの物語を生み出した。

パーチ　*Perca fluviatilis*
昆虫や小エビを食べているが大きくなると小魚を食べている。30cmほどになりヨーロッパでどこにでもいる魚。漁業でも遊漁でも好まれる。4～5本の黒い横じまがある。

4億5千年前の火山爆発により産み出されたウィンダメア湖など6つの湖のマス、イワナ、パーチなどにチェルノブイリ事故由来の放射性セシウムがどのように蓄積しているかを調査したカンブリアのアンブルサイドにある自然環境研究会議（NERC）所属の淡水生態学研究所ウインダメア実験所の、エリオットたちの報告[※1]はよくできている。

この論文の魚類採集湖沼地点の図を見て、原子力資料情報室の『セラフィールド、ラ・アーグに生きる人びと―再処理工場のほんとうの話―』にある図を思い出した。その図にエリオットら(1993)のFig.1（図1）の採集地点番号を書き込んで、図として引用した。

ベナイン山脈の西側に位置するこの地域のセシウム137の地表沈着量は1m²当り最大20000ベクレルのこともあった。1986年9月より87年8月にかけてエナンデール湖（図の4）ではマスが1000Bq/kgを超え、ウオストウォーター湖（図の3）では1987年の6月に最大で500Bq/kgを超えた。イワナは350Bq/kgを超えることは決してなかった。セラフィールド再処理工場から15kmほどのこれらの湖にチェルノブイリ以前に再処理工場からの放射能は降っていなかったようである。

エリオット他5名(1992)は二つの湖のプレチェルノブイリのマスのセシウム137が12～14Bq/kg計測されたとしている。その厳密な検討は必要であるけれども、この論文でパーチについてはプレチェルノブイリの計測値はないが、デボーグウォーター（図の5）では1987年8月には2500Bq/kgに達している。

福島第一原発の大事故以前、英国セラフィールドの再処理工場は海への放射性

廃液垂れ流し工場として、世界で最大のものとして悪名が高かった。しかし陸上で、まして淡水魚の放射性汚染は問題とされていなかった。

※1　エリオット他2名（1993）イングランド北西の6つのカンブリア湖沼群からのマスとイワナにおけるポストチェルノブイリ放射性セシウムにおける変異の要因．陸水学年報29（1）79－98

図　原子力資料情報室（1990）にエリオット他（1993）の図1の6ヶ所の採集地点番号を加筆。

17章 苦悩と抵抗
アイルランドのアトランティック・サーモン

紀元前におけるヨーロッパ大陸よりのケルト人の渡来によって始まるアイルランドは、1949年イギリス連邦を脱退した立憲共和国。1998年国民投票により北アイルランド6州の領有権を放棄した。2005年の英エコノミスト誌の調査では最も住みやすい国に選出されている。

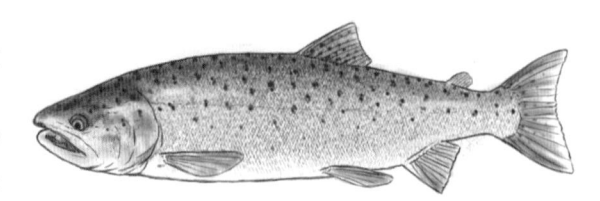

アトランティック・サーモン　*Salmo saler*
大西洋のサケはこれ一種で太平洋のベニザケやサクラマスに似た生活史をもち、ヨーロッパでサケといえばこの魚を指す。一般に食用でも釣りでも親しまれている。

チェルノブイリ原発事故によるセシウム137の地表沈着量は1㎡当り平均3200ベクレルであるが、山地で2ヶ所ほど小地域が14000〜15000ベクレル計測された。淡水魚の調査は見当たらない。

しかし、ミッチェルとスティール（1988）がチェルノブイリ原発事故による海への影響について「チェルノブイリ由来の放射性セシウム…以前より北海で検出されているセラフィールドの再処理工場起源のものにほとんどマスクされて」と述べているように、アイルランドの囲りの海、特にアイリッシュ海では対岸200キロ東にあるイギリスの再処理工場からの放射性廃液で、ここ50年来悩まされ続けている。その一部は拙著『放射能がクラゲとやってくる』に述べられている。

近年、アイルランドの研究者は近海の放射能汚染についてイギリスではなく、北欧やカナダの研究者と共同研究で報告している。スペア他6名（2007）〈組織に蓄積されたセシウム137濃度から北太平洋におけるカナダとアイルランドの大西洋サケの分布を推論する〉は、ICES（海洋利用国際会議）という大西洋の漁業研究者が参加する学会の伝統ある雑誌に発表されている。この6名の中にアイルランドの海洋研究所漁業養殖業管理局野性サケ調査部の研究者が一人参加している。

北大西洋の海流（gyre：渦状の流れ）について現在までわかっていることをすべて網羅した図に、セシウム137の計測値を書き込んだ図が全てを物語っている。

バルト海とアイリッシュ海において表面海水のセシウム137の値が高い。チェルノブイリ原発事故のとき、日本周辺の海水は1リットル当り3ミリベクレルと

なった。アイルランドで淡水生活をしていたスモルトのセシウム137が、体重1キロ当り0.53ベクレルと最も高い。

　河川及び海洋をどこで過ごしたかによって計測値は対応し、海の放射能汚染とサケの生活史が回遊経路との関係で見事に対応している。

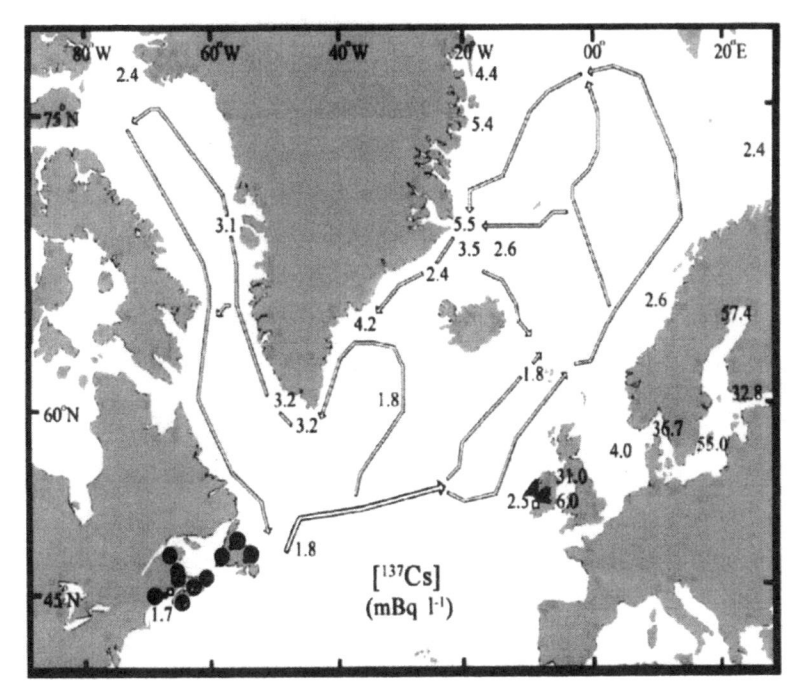

図　北大西洋における gyre と表層水のセシウム137計測値
●はカナダの、▲はアイルランドの採集地点。（スペア他6名（2007）よりの引用だが gyre とセシウム137計測値の引用資料は省略。）

18章 マリ・キュリーとチェコの原発

ポーランド、チェコのブリーム

　放射能の量を計る単位にベクレルを使う前は、キュリーという単位であった。これは放射能やラジウムの存在を確認し命名した、ポーランドの首都ワルシャワ生まれのマリ・キュリーにちなんだものである。

　2011年は国際化学年で、またマリ・キュリーが化学で2度目のノーベル賞を受賞してから100年目の年でもあるようだ。

ブリーム　*Abramis brama*
ヨーロッパの平野部に広く分布するコイ科の魚。このブロンズブリームの他にブルーブリーム（*A.ballerus*）がバルト海から黒海にかけて分布する。底生動物を群れで摂食する粘液質の魚。

　そんなこともあるためか、チェルノブイリ原発事故によるポーランドでの放射能汚染についての研究は10篇近くもあり、原発もないのに研究態勢がよくあるものだ、さすがと感心していた。特にスクワルゼックら (1992) の〈バルト海ポーランドEZ内のプルトニウムの分布〉に関する研究は貴重なものである。

　ところが昨年11月26日のAFP通信は、ポーランドの国営電力が2020年までに運用開始が計画されているポーランド初の原発2基をバルト海沿岸に建設すると発表したことを報じている。

　アメリカNOAA大湖環境研究実験所のロビンスとポーランドブロツワク大学地質研究所のヤシンスキーは、1995年『環境放射能』誌に〈ポーランド、スニアルドウィ湖におけるチェルノブイリ降下放射性物質〉を発表している。

　図に見られるように、ウクライナとベラルーシの西に隣接するポーランドのフォールアウトは多そうに思えるが、フィンランド、スウェーデン、ノルウェー、オーストリアなどに較べて少ない。

　実際、ロビンスらは1986年8月16日にブリーム6検体の計測でセシウムが平均213Bq/kgで、最大でも726Bq/kgであるとしている。ただし、1985年10月28日のブリームが計ってあり、それは3～5Bq/kgで、セシウム137については120分の1であるとしているから、比較的少ないとはいえ相当なものである。

　ポーランドの南西に接するチェコには6基の原発があり、テメリン原発が放射

能を流すブルタバ川の水は、首都プラハの飲用水ともなっている。1986年建設開始のこの原発は2つの貯水ダム湖を利用している。2003年の原発フル稼働以来のダム湖の魚のセシウム137の濃度変化は、1986年より測定しているチェルノブイリ由来の放射能にマスクされて、その実態がよくわからない。

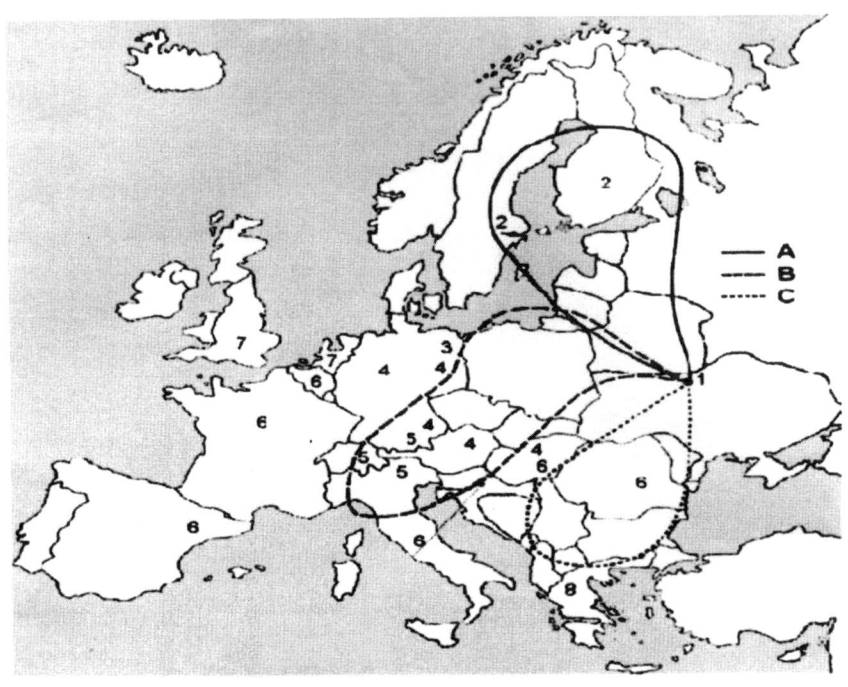

図 チェルノブイリ原発事故後にヨーロッパに拡がった放射能の気流
1〜8の数字はそれぞれの地域に気流の到達した日を示す。
1＝4月26日、2＝4月27日、3＝4月28日、4＝4月29日、5＝4月30日
6＝5月1日、7＝5月2日、8＝5月3日。（UNSCEARリポート（1988）により作成）

19章 もう一つの核大国
インドのカトラ

インドでは1956年、英国の支援の下で実験炉において、アジアで初めて臨界を達成した。2012年全国7ヶ所で19基の原発が運転中で5基が建設中である。

また1974年には北西部のラージヤスターン州の砂漠にあるポカラン試験場で地下核実験を行なっている。2009年にはロシアの技術支援協力によって初の国産原子力潜水艦を進水させている。

インドは中国やパキスタンとの国境論争をかかえながら、カナダ、米国、日本等とも協力しながら着々と核開発を進めている。中国とは別のもう一つの核大国といえる。

放射能に関してインドで有名なのは、海岸の砂から日本の8倍近くの自然放射線量が検出される地域がケララ州にあり、そこは0.1〜0.3％のウラニュウムと5〜7％のトリウムを含むモナザイトの黒い砂浜である。淡水魚について自然放射能カリウム40を調べる研究もあるが、核大国特有の怖い実験もある※。1リットルのガラスのビーカーに入れられた3尾のカトラに16センチ離れたところから、1.15キュリー（4.3×10^{10}ベクレル（430億ベクレル））のセシウム137からガンマ線を42時間照射して、DNAが受けるダメージを知るために、赤血球での異常の出現を調べるものである。

インドに特徴的な調査として、カンガ原発のある南西部のカルナータカ州さらに南ケララ州では、食物摂取によるストロンチウム90とセシウム137の一人当たり年間取り込み量が、ベジタリアンの場合で0.76マイクロシーベルトで、ノンベジタリアンより3割ほど多く、それはナスに含有量が多いことが関係しているという報告がある。

ベジタリアンとして有名なガンジーは、「すべてのインド人は菜食するという観念は間違いで、純粋の菜食者はヒンズー教のブラックバスラーマンとバイシヤだ

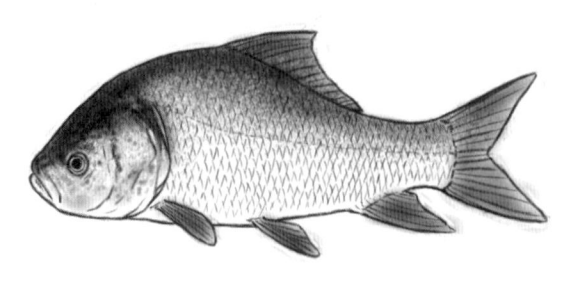

カトラ　*Gibelion catla*

和名カトラ・英名Catla。*Gibelion catla*は一属一種。インド・バングラディシュなど南アジアの亜熱帯の河川や湖沼に分布するコイ科の魚。養殖魚として重要で180cmにもなる。水温25〜32℃の水域を好む。

けである。けれども貧しくて肉を買えない人が大多数だから、実際にはほとんどすべてのインド人は菜食者であるともいえよう」(鶴田静 1997 要約) と 120 年前に書いている。現在は、インド全人口の 3 割程度がベジタリアンだとする政府の統計データもあるようだ。

2006 年 FAO 統計によると、インドの淡水魚の漁獲量はコイ科の多様な魚 28 万トン、ナマズのなかま 8 万トン、その他の淡水魚 37 万トンとなっている。12 億の国民一人当たりが年間 0.6kg を漁獲していることになる。

※　アンブマニとモハンクマール (2011) 環境科学研究誌 5 (12) 867 − 877

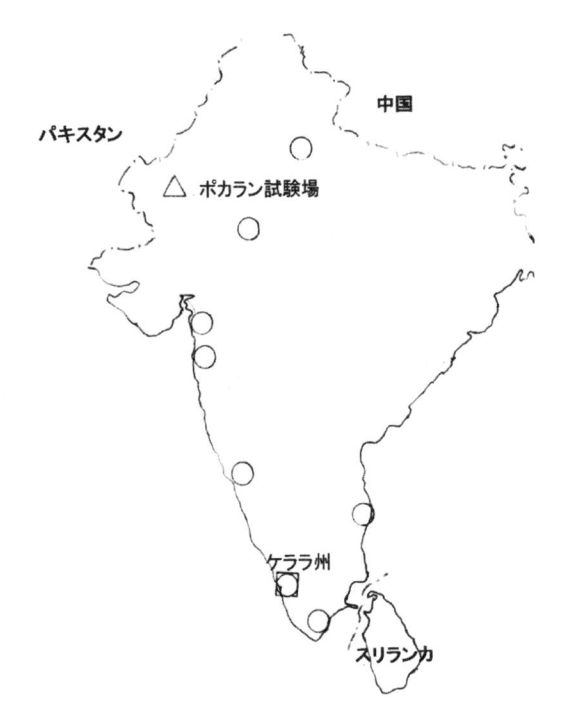

図　インドの 7 ヵ所の原発所在地 (○)

20章 五大湖の北で

カナダのラージマウスバス

〈淡水生態系における放射性セシウムの行く末―なぜ種間でも種内でも生物濃縮がバラツクのか？〉というロウワンら（1998 環境放射能誌 40,15-36.）の論文は、淡水魚の放射能汚染を考える際に大変参考になる。

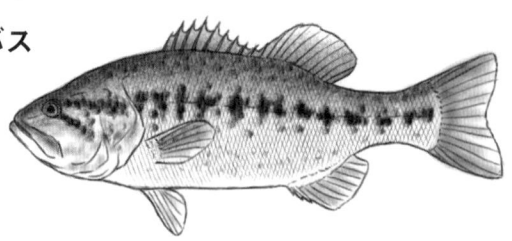

ラージマウスバス　*Micropterus salmoides*
北米原産の魚食性捕食者。日本では、オオクチバス、ブラックバスなどと呼ばれルアー釣りで人気がある。環境省の特定外来生物で駆除されるべき外来生物に指定されている。

このカナダのロウワンが所属していたチョークリバー実験所は、原発を運転している原子力エネルギー社の研究施設である。オンタリオ州沿いの人口6000人の研究都市チョークリバーにあり、カナダの核エネルギー研究の重要拠点となっている。

カナダはアメリカに次いで2番目と原発運転開始が早いが、非軍事用の核事故として世界で最初、1952年12月にこのチョークリバー原子炉での炉心溶融・化学爆発を起している。これはカナダ重水炉（CANDU炉）の原型であるが、このカンドゥー炉は大間原発に採用されようとしたこともある。

上記論文でロウワンらは、オタワ川やロウアーバスレイクの20種近くの淡水魚で詳細な研究を行なっているが、ここではロウアーバスレイクのラージマウスバスに絞ってみてみる。

1995年の5月中旬から9月までの4回採集したバス（魚食性）と、消化管中の餌生物として底生動物食のパンプキンシードサンフィッシュとブラックノーズシャイナー、そしてトンボ類のヤゴをはじめ動物プランクトンについて、それぞれのセシウム濃度とそれをバスが食べた時のセシウムの吸収（同化）率（無脊椎動物の組織 0.635、魚類の組織 0.690）などをもとに、餌をとることによるセシウムの生物濃縮を調べている。

その場合に原因というか出発点となるそれぞれの動物の湿重量1キロ当りのセシウム137濃度は、動物プランクトン（約0.4ベクレル）、大型ベントス（約0.9ベクレル）、ベントス食（約1.8ベクレル）、魚食魚（約4.7ベクレル）といったようにこれまで得られている生物濃縮のパターンと似ていた。

ただし、ラージマウスバスの場合、4才までの未成熟でも5才以上の成熟魚でも生物濃縮の割合が2～2.5とほとんど変わらないが、オタワ川のウォールアイやイエローパーチでは、6才以上の成熟魚では5前後と未成熟魚の倍近くになった。これはバスの場合、一生を通じた成長と成熟の過程において、セシウムの吸収と排出がバランスよく行なわれているからと考えられている。

　なお、ここでのバスのセシウム137の濃度が体重1kg当り約4.7ベクレルという数値は、それまでの核実験とチェルノブイリ原発事故によるものである。これは91および101ページで述べるように、3.11後の日本のブラックバス類の計測値より一ケタも二ケタも低い。

　2011年6月下旬、オンタリオ州ハミルトン市で「放射生態学と環境放射能に関する国際会議2011」が開催され、日本から9名が出席した。「フクシマ2011」という特別全体会議でフクシマ原発事故の概要説明をそのうちの1名が行なうのみで、本書で取り上げられたような研究報告は日本の研究者からは全く行なわれなかった。当然のことでこれまで日本では野外の淡水魚について、放射能に関する調査研究は皆無である。

図　五大湖の北、カナダ南東部

21章 心配とジレンマ
香港のライギョ

　昨年（2011年）の7月末、ネット上で「中国大連港で原潜爆発か？」という大騒ぎがあった。3.11後の東日本の太平洋側での放射能汚染について苦闘していたので、日本海も放射能汚染かと心配し、マスコミ関係者にいろいろ調べてもらったが、公式発表がないのでわからないということで終わった。今年（2012年）の3月、人民日報の記者が海の汚染について聞きたいというので、この件について聞きたくて会った。この記者は大連出身で、大連で生まれ5才まで住んでいた筆者と話が盛り上がったところで訊ねたところ、次のようなことであった。

　「実際に7月末に原潜が事故で浮上し、軍港に曳航されたが放射能大量放出ということではなかった。自分もその時大連にいたし、空母就航で取材陣も多数いた。ロシアのラジオ局が最初そのようなことを流したのが原因らしい。大連では放射能計測器を購入している人もいるし、それより大連近郊に建設中の原発の方が心配だ。」と言っていた。しかし、その建設場所には行ったこともないし、位置もよくわからなかった。

　中国では、1994年の大亜湾 (Daya Bay) 原発1、2号の運転開始以来4ヶ所で14基が運転されており、全国11ヶ所で25基が建設中である。大連近くの原発というのは遼寧省で建設中で2012年10月運転開始予定の紅沿河 (Hongyanhe) 1号をはじめとする、4基の原発のことらしい。その他に計画中が51基ある。※1

　中国での魚類の放射能汚染に関する研究は見つけられなかったが、香港については多数の論文が国際研究誌で報告されている。香港は1997年7月より中華人民共和国特別行政区となり、中国であり中国でないややこしい地域となっている。それが原発や放射能に対しても複雑で難しい対応を、香港の人々にとらせている。

　魚と放射能に関する論文は2003年まで5篇ほどあるが、食べものや環境と放射能についてこの間12篇ほどを香港の研究者は報告している。何よりも大亜湾の原発について香港政庁が依頼した外国人の手になる環境影響調査報告書(1990年)を始め4篇の同様の論文があるのには驚く。

　淡水魚の放射能については対称的な2つの論文がある。

　（1）香港行政区健康局放射線健康班のプーンとアウ (Poon and Au) が1999年放射線防護測定誌に発表した〈香港の淡水魚におけるセシウム137汚染の予測〉

では、大亜湾原発で事故が起り養魚池に放射能が降ったらどうなるかということを、ドイツのECOSYS-87をつくったミユラーらと共にその香港バージョンを作成し、真正面から予測に取り組んでいる。

（2）香港総合技術大学応用物理学部のマンとクオー（Man and Kwok）が2000年応用放射線とアイソトープ誌に発表した〈淡水魚によるセシウム137の取り込み〉は、コイとティラピアとライギョを市場で買ってきて3尺の循環水槽で飼育し、飼育水を1158〜3020Bq/ℓのセシウム137の濃度とし、9日間にこれらの魚が放射能をどのように取り込むかを調べている。無給餌で活性炭フィルターでセシウム137をこし取ってしまってもいる実験である。

人口約700万人の香港では、養殖した淡水魚を年間10万トン（1人当り約14㌔）食べているとのことで共に重要な研究といえる。

しかし、原発肯定派がよくやる、それもお粗末な実験をやっている（2）の著者たちは、他の大学の研究者たちと同じように、ビルの自然放射能や日常的な食物の放射能など50km先にある原発に対する危機感や、切迫感の見られない研究報告を多数出している。それに対して（1）のプーンとアウは、2002年に大亜湾原発から年100億ベクレルずつセシウム137が大亜湾に流失し続けた場合のコンパートメントモデルを、図の海域で作成した。

2003年には事故で30000テラベクレル※2を5年間放出し続けたとき、香港市

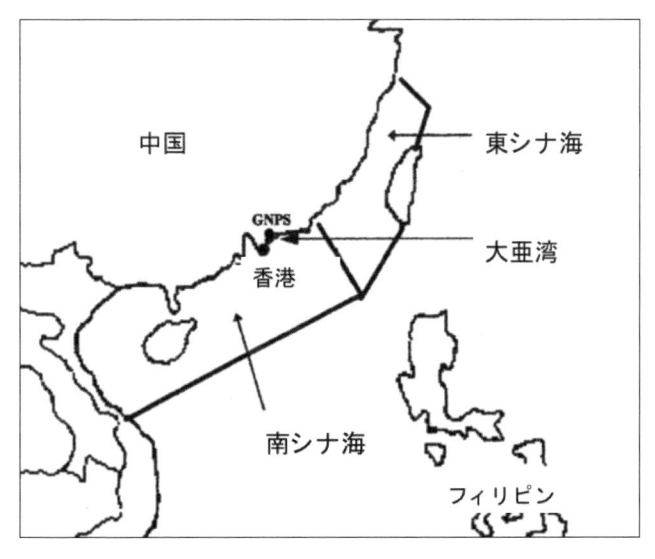

図　予測モデルに使用した海のコンパートメント（GNPSはグァンドン原発）
（プーンとアウ（2000）より引用）

第Ⅰ部　世界の淡水魚の放射能汚染

民の海産魚の摂取によるセシウム137の取り込みを推定している。香港の沿岸漁民は南シナ海で 2.3×10^7 キログラム／年、東シナ海で 1.5×10^7 キログラム／年漁獲している。大亜湾では漁獲していないが隣接海域では20種の魚の養殖が行なわれ 1.2×10^6 キログラム／年の生産が推定される。

　プーンらはこの家族経営の小規模な養殖漁民が自分達でつくった魚も食べており、事故後のクリティカルグループになるだろうと考えている。水俣病事件における不知火海の漁民の悲惨さが想起される。10数年前、ピースボートで香港を訪れた際、この大亜湾原発を心配する市民グループと交流をもった。1年以上漁に出られない福島の沿岸漁民に何も言えないのと同じようにか、それ以上に、プーンたちといま連絡がとれたとしても言うべき言葉がない。

　日本で原発を批判し続けるのとは別の意味で、事故を起した新幹線の列車をすぐ埋めてしまい世論の批判で掘り起こしたが野ざらしで放置ということをやる、新興原子力大国に組み込まれてしまった香港市民のジレンマは計り知れない。

※1　李春利（2012）中国の原子力政策と原発開発　東京大学ものづくり経営研究センター（MMRC）ディスカッションペーパーNo.381
※2　30000テラベクレルは 3×10^{16} ベクレルすなわち3京ベクレル。福島第一原発事故による海へのセシウムの流入総量は気象研究所によれば3.7京ベクレル

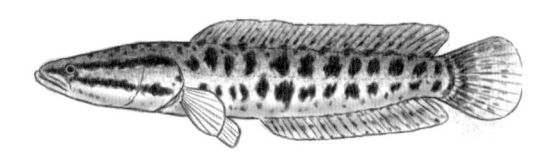

ライギョ　*Channa argus*
カムルチーと呼ばれ中国大陸から日本へ持ち込まれた。現在は食用とされず、ルアー釣りの対象となっている。英名スネークヘッド。タイワンドウジョウ科に属し空気呼吸もする魚として知られている。

5 世界の原発

 2010年アメリカの104をトップに、27カ国で432基の原子力発電所が運転されている。この国別の数は、それぞれの国の発電用エネルギーの需給状況、電力需要、核兵器生産、原発への許容度など不確実ないろいろな要素で決まってくるが、ここでは事故の危険性との観点から、国土の面積と人口密度との関係から国別原発数を検討してみた。

 図は横軸に国土の面積を単純に原発の数で割ったもの、縦軸に国の人口を原発の数で割ったものを示した。広く人口密度の低い状態で建設されている中国と、狭く、人口密度の高い状態のフランスとの差は大きい。50ページでのフランスに対する指摘もこれでうなづける。運転中とほぼ同数が建設中の中国とインドは、実線の矢印の方向に進んでいる。また、国土の北部の人口が少なく原発のない地域が多い北半球の5カ国は、その部分を計算に入れなければ点線矢印の方向にずれる。南半球の2カ国も同様。

 なお、この図中のイタリアは1987年に国民投票で原発廃止を決め、90年までに全4基の原発を閉鎖していた。しかしベルルスコーニ政権が原発再開を表明していた。けれども3.11後再び2011年6月の国民投票で再開しないと決めた。

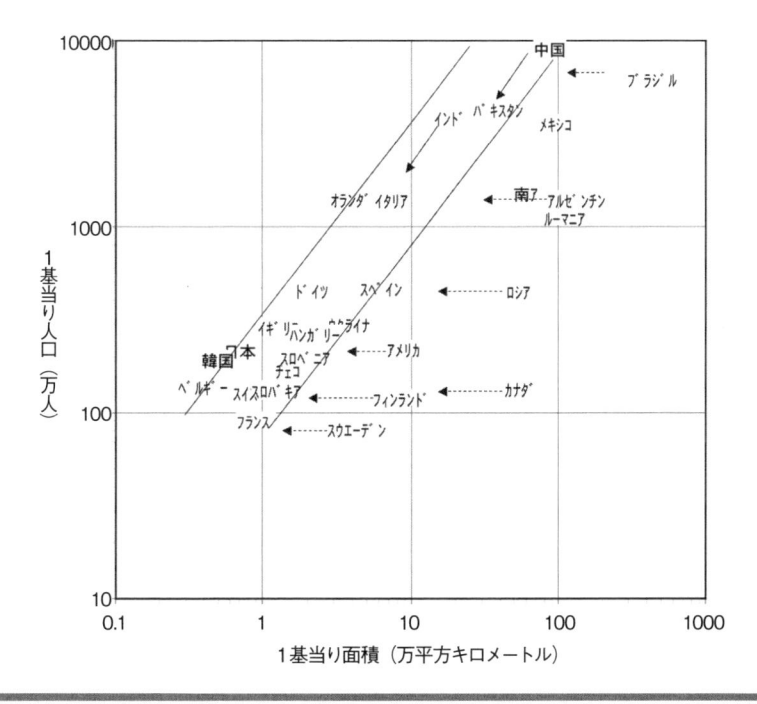

BOX

22章 ひとのあかし
日本のアユ

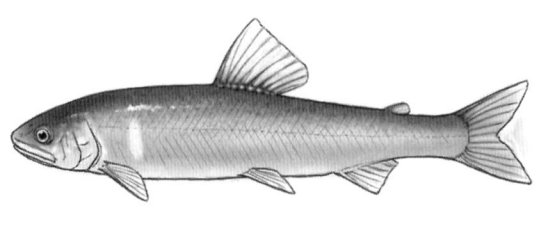

アユ　*Plecogrossus altivelis*
英名スイート・フィッシュだが日本特産。キュウリウオ科の1属1種。友釣りで面白く、食べて美味しい。夏にコケ（付着珪藻類など）を専食する前は沿岸域や下流域で動物プランクトンや水生昆虫を食べている。

　東京電力福島第一原発は海に放射性廃液を垂れ流しているのではないか、海の生物が放射能汚染しているのではないかと調査に出かけたのは、たしか1972年のことだった。

　第一原発の北防波堤の先まで行きテトラポットに付着していた海藻や磯の生物を採集した。原発の施設のほうで発電所の人が何か叫んでいた。東京に持って帰り専門家に計測してもらったが、放射能は検出されなかった。

　それから間もなく、第一原発の北へ6kmに位置する浪江町請戸（うけど）へ通うことを始めた。海宝丸をはじめ請戸漁協の漁船に乗せてもらい、漁の模様を勉強すると同時に、同町棚塩の舛倉さんのお宅にもよくお邪魔した。舛倉さんは東北電力が建設を計画している浪江・小高原発に絶対農地を売らないと部落の仲間と土地を共有化して守っていた。

　そのうちに自然に大繁殖しだしたホッキガイの放射能汚染が心配だということで、漁協の人々とも相談し調査をすることになった。その一部始終は拙著『海と魚と原子力発電所』で報告されている。この本の「はじめに」で、1989年2月、次のように書いた。

　「この春、棚塩の舛倉さんよりの賀状の日付は、反原発21年元旦というものであった。福島県双葉郡浪江町に東北電力が計画した原発に反対し、21年間土地を売らずにきた意志の表現といえる。」

　2011年、原発事故で避難を余儀なくさせられた南相馬市（旧小高町はその南端）や浪江町は東北電力とのくされ縁を断ち、完全に原発建設計画を拒否した。故舛倉さんにとっての反原発43年目の成果というには、海も陸も半径30km圏内は調査のための立ち入りも容易にはできない苛酷な放射能汚染によって、悲惨なものになってしまった。

　2011年6月23日南相馬市の真野川（まのがわ）でアユから3300Bq/kgという量のセシウムが計測された。それまで肉食性または魚食性の魚で値が高いのは仕方がないと考

えていたので、コケを餌にしているアユでなぜとびっくりした。

そうしたら 2012 年 3 月 28 日の飯舘村の新田川で、ヤマメから 18700Bq/kg のセシウムが検出された。このヤマメの高い計測値は、78 ページの図 3 で見られるように飯舘村の北西方向、伊達市、桑折町へと続く。

飯舘村から南相馬市を流れ太平洋に注ぐ真野川と、新田川における淡水魚のセシウムの計測値をまとめると、**表**のようになる。なお、これらの計測値は 2012 年 3 月 28 日に公表されたものまでで、それ以降これら三川について公表された計測値はない。より詳しく知るためにということでより多数計測する必要はない。

これらの計測値の出た魚の採集位置と、第一原発から流れたセシウムの沈着量の状況との関係を示した**図**（次ページ）から、淡水魚の放射能汚染、それも非常に高いレベルでのものがどのようにして起ったかを知ることができる。

流程の短い太田川では上流域が南相馬市にあるので同市でのみ計測されるが、太田川より長い真野川と新田川は上流域が飯舘村にあり、そこに生息するヤマメが計測されている。

採集地、飯舘村新田川のヤマメでセシウム計測値 18700Bq/kg というのは、3.11 以後の海と内水面の魚類の計測値中、一つ飛びぬけての高い値である。これはノルウェーのマスの 12500Bq/kg（ブリッタインら 1991）をも大きく超えている。ウクライナのチェルノブイリ原発から 30km 以内の冷却池や、ロシア北西部ブリャンスクなどではより高い計測値が報告されていることを考えると、請戸川や前田川の調査を行なったら、どのような値が計測されるのか想像もつかない。

真野川のアユの高い計測値に驚いたが、同じ日にさらに南の新田川ではアユについて、より高い計測値が公表されていた。また、2011 年 6 月にモクズガニとしては異常に高い 1930Bq/kg が計測されていた南相馬市の真野川で、2012 年 3 月に

表　飯舘村から南相馬市に流れる 3 川の淡水魚のセシウム計測値（Bq/kg）の最大値。
上段は飯舘村、下段は南相馬市。

	ヤマメ	アユ	ウグイ
真野川	2100(2)	3300(3)	2500
新田川	18700	4400	
太田川		2070	

（　）内は計測検体数

は6分の1に計測値が減少している。

　また、2012年3月28日飯舘村（新田川）のヤマメで特別に高い計測値が出たが、同じ日に公表された飯舘村（真野川）のヤマメでは、150Bq/kgという計測値が公表されている。このことはセシウムの沈着のしかたによって特別に濃い、いわゆるホットスポット的な小さな水体が生じたことを示している可能性もある。この点についてはより詳細な調査が必要である。

　福島県南相馬市原町区に暮す詩人の若松丈太郎さんは、『みなみ風吹く日』（1992年1月）の中で、浪江町南棚塩の舛倉隆さんの庭に咲くムラサキツユクサや、福島第一原発1号炉南放水口から800mの海底の堆積物やホッキ貝、そしてオカメブンブク（漁師はマンクソという）からコバルト60が1980年に検出されたことにふれている。そして2011年5月に次の詩作を発表している。

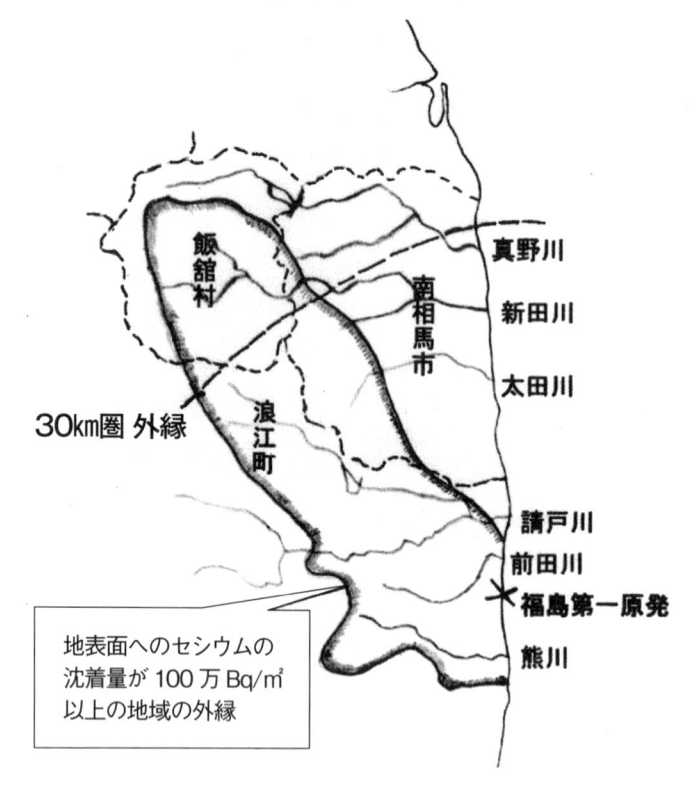

図　淡水魚の計測された川と市町村とセシウム沈着量との関係

ひとのあかし

ひとは作物を栽培することを覚えた
ひとは生きものを飼育することを覚えた
作物の栽培も
生きものの飼育も
ひとがひとであることのあかしだ

あるとき以後
耕作地があるのに作物を栽培できない
家畜がいるのに飼育できない
魚がいるのに漁ができない
ということになったら

ひとはひとであるとは言えない
のではないか

『チェルノブイリ：大災害とその帰結』の結論の章でスミスとベレスフォード(2005)は環境汚染の予想される未来について、50年後から10万年後までを6つの年代区分にわけて予測している。それは放射能核種別の半減期と関係してくる。

事故後 50 年… セシウム137とストロンチウム90による被曝がまだある。30km圏の大部分では立入制限線量を低下させているかもしれないが、30kmの内外での野生の食べものの摂取制限は維持される。30km圏外で現在放棄されている地域での外部被曝は比較的低下しているだろう。

事故後 150 年… セシウム137とストロンチウム90による被曝はまだある。30km圏外では顕著な汚染はないだろうが、いくつかの野生の食べものではキロ当り数百から数千ベクレルのCs137による放射能濃度が考えられる。30km圏内では、一部の地域にいる仮想的危機的グループでは、まだ年間の被爆線量が数ミリシーベルトになる。

ここまでの推定はある程度正確だが、500年から後の10万年後までのシナリオは全くの推測であるとして、半減期の長いプルトニウム239 (24400年)、プルトニウム240 (6540年)やヨウ素129 (1350万年)などを中心に考えている。

これは30km圏内の計測値等をも参考にして、チェルノブイリ事故から20年後に検討しているわけだが、福島第一原発事故からまだ1年半弱しか経過しておらず、30km圏内の汚染状況も全くと言ってよいほどわかっていない現状では、このスミス等の予測を参考にしたとしても何も言えない。
　ただ、福島から群馬、栃木、茨城にかけての淡水魚の放射能汚染がこれからどうなるかについては、これまで見て来たヨーロッパにおけるチェルノブイリ原発事故の影響からある程度予測できる。50年は無理にして20年後については。
　ただそれはヒトが食べても大丈夫かどうかという関心からで、そのことは食べる人一人一人が考えることだ。ここで○○ Bq/kgだからどうか、と言うことはできない。
　2011年の6月頃だったか、浪江町そして飯舘村と第一原発から南東方向へのニホンザルの生息地点の連なりの図が新聞に出ていた。風向きと森や林の分布とサルの分布、そして放射能の流れと沈着がどのように関係しているのかはわからないが、奇妙に重なり合っていた。ニホンザルは避難していない。
　請戸川のヤマメやウグイ、この夏のアユからどのくらいのセシウム137が計測されるのだろうか。淡水魚に異変が起る濃度なのだろうか。病理学的に細胞学的に異変の見られた魚は、その後どう生き延びてゆくのだろうか。

6 原発事故と漁獲量

チェルノブイリ原発事故は淡水魚の漁獲量にどのような影響を与えたのだろうか。

FAO漁獲統計（漁獲量篇）を見るとそのことがはっきりわかるのは、淡水魚が好きでよく漁獲し釣りを楽しむフィンランドの淡水魚漁獲量だけだった。

15種ほどについてわかるが、それらを①魚食性捕食魚（ノーザンパイク、ヨーロピアンパーチ、パイクパーチ、バーボット）②ホワイトフィッシュ（バンデース、ポウワン）③養殖のニジマス　④その他（ブリーム、スメルト、ウナギ、サケ・マス類など）の4グループに分けて年変化を図にした。

これらのほとんどが沿岸域でも漁獲や養殖が行なわれ、それが統計で区別されているがここでは除いてある。

よく獲られていたパイクやパーチの漁獲量が1987年以後20分の1から30分の1に激減する。いつ回復するかと統計を追ってゆくと1993年突然急増する。そして1993年統計表の1984年までのさかのぼった漁獲量が淡水魚合計5〜7万トンとそれに対応する種別の漁獲量に変えられていた。

魚種ごとに見ると沿岸域での漁獲量や、ニジマスと2、3の魚種の一部の年度については1992年までの数値と同じだった。

WHOについてはIAEAに取り込まれたと言われているが、FAOお前もかということなのだろうか。この点はきちんと調べる。

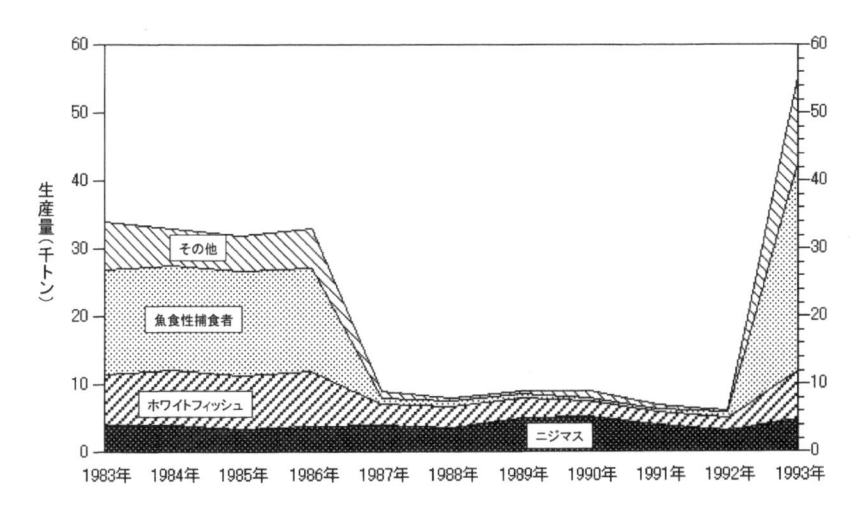

図　FAO水産統計によるフィンランドの淡水魚の漁獲量

BOX

第Ⅱ部
東日本の淡水魚の放射能汚染

Cs-134及びCs-137の
合計の沈着量 (Bq/m²)
(11月5日現在の値に換算)

- 3000k
- 1000k - 3000k
- 600k - 1000k
- 300k - 600k
- 100k - 300k
- 60k - 100k
- 30k - 60k
- 10k - 30k
- 10k

7 食べられている淡水魚

世界中で、そこに分布する淡水魚はほとんど食べられているといってよい。

ただそこの地域の淡水域の量、分布する淡水魚の種類と量、そして住む人々の需要と好みによって利用されている淡水魚の種類や量は多様である。

ユーラシア大陸の東ではコイの仲間、西でサケマス（特にニジマス）という傾向は見られる。

本書に登場する国や地域で食べられている淡水魚
（FAO 統計により作成）

	1992年の漁獲量（千トン）	人口一人当り漁獲量（キログラム）	最も利用されている魚 魚種名	割合
USA	399	1.3	ベニザケ	4割強
ウクライナ	24	0.5	チュルカニシン	9割
ベラルーシ	16	1.5	コイ	9割
ロシア	378	2.5	チュルカニシン	3割
リトアニア	5	1.6	コイ	8割
フィンランド	7	1.3	ニジマス	5割
スウェーデン	6	0.6	ニジマス	5割
ノルウェー	0.6	0.1	大西洋サケ	8割
グリーンランド	0	0.0		
オーストリア	4	0.5	ニジマス	6割
ハンガリー	29	2.9	コイ	7割弱
ルーマニア	35	1.5	金魚	5割
クロアチア	5	1.1	コイ	10割
フランス	52	0.9	ニジマス	8割弱
ドイツ	46	0.6	ニジマス	5割強
U.K	16	0.3	ニジマス	9割
アイルランド	0.8	0.2	ニジマス	10割
ポーランド	51	1.3	コイ	4割強
チェコ	24	1.5	コイ	7.5割
インド	1702	1.9	その他のその他	3割弱
カナダ	65	2.4	ベニザケ	4割弱
香港	5	0.9	コクレン	2割強
中国	5528	4.7	コクレン	1割強
日本	187	1.5	アユ	1.6割

淡水魚の放射能

BOX

1章 イワナ、ヤマメ、ウグイ、アユ

東日本における淡水魚の放射能汚染

　東京電力福島第一原発における 2011 年 3 月 11 日の大事故により原子炉から放出された放射性物質は、それから 2 週間ほどの風向きや雨の降り方によって地表面への沈着量は様々であるが、広く北海道から四国まで降った。※1

　昨年 9 月から 10 月に行なわれた文部科学省による航空機モニタリングの測定結果を裏表紙に示した。福島第一原発から東日本一帯に流れた放射能雲（プリューム）の結果であるこの図を参考にして、淡水魚の放射能汚染について 2012 年 7 月 18 日までに水産庁がまとめて公表した各都道府県等の水産物の放射能調査結果を整理分析して、考えてみる。

　セシウム沈着量分布図を見ると、まず放射能雲は東北方向へ流れ、それから南西方向に向きを変えて流れたように見えるが、実態はどうか。59 ページの図に見られるようにチェルノブイリ原発からの放射能雲は日ごとの風次第で扇状に拡散している。福島第一原発の場合も同様のことが起った可能性はある。

　そして放射能雲が分散してゆく途中に森林や山があれば、そこにからむように沈着したり、場合によっては遮られたりする。そのようなことを考え、東日本の市町村別最高高度分布図をつくってみた。この**図1**に見られるように長野県から岩手県にかけて、本州東北部の背骨のように高地が連なっている。

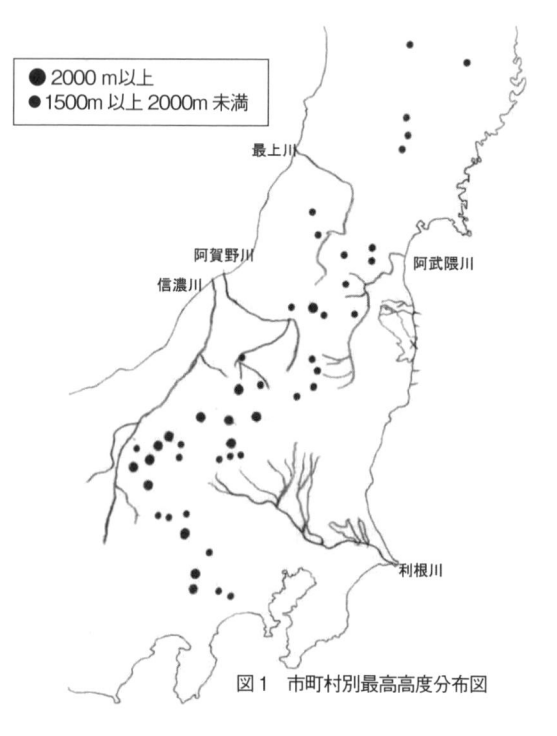

図1　市町村別最高高度分布図

イワナ

　計測された淡水魚の中で川の最上部に分布しているイワナについて、市町村ごとに2012年5月31日までの計測値の最大値を4段階にわけて**図2**に示した。イワナの場合、2012年5月まで計測値がどのように変化したかというと、湖では一年たってもほとんど減らないか、やや増えて減り始める。川でも一年たってもほとんど変わらないが4月からやや減り始める。

　セシウム沈着量分布図と市町村別最高高度分布図との関係を検討した後に、この**図1**と**図2**とを見比べながら検討するといろいろなことが見えてくる。例えば48ページのカワマスの図を参考にすると、淡水魚の放射能汚染は山の上から始まることがわかる。イワナをとっかかりにしてこれから低地の魚に移ってゆく。

※1　安成他4名（2011）「福島核事故による日本の土壌におけるセシウム137の沈着と汚染」アメリカ科学アカデミー紀要108（49）. 日本、ノルウェー、アメリカの地球および大気の研究者による。

● 500Bq/kg以上
● 100Bq/kg以上 500Bq/kg未満
○ 50Bq/kg以上 100Bq/kg未満
○ 10Bq/kg以上 50Bq/kg未満

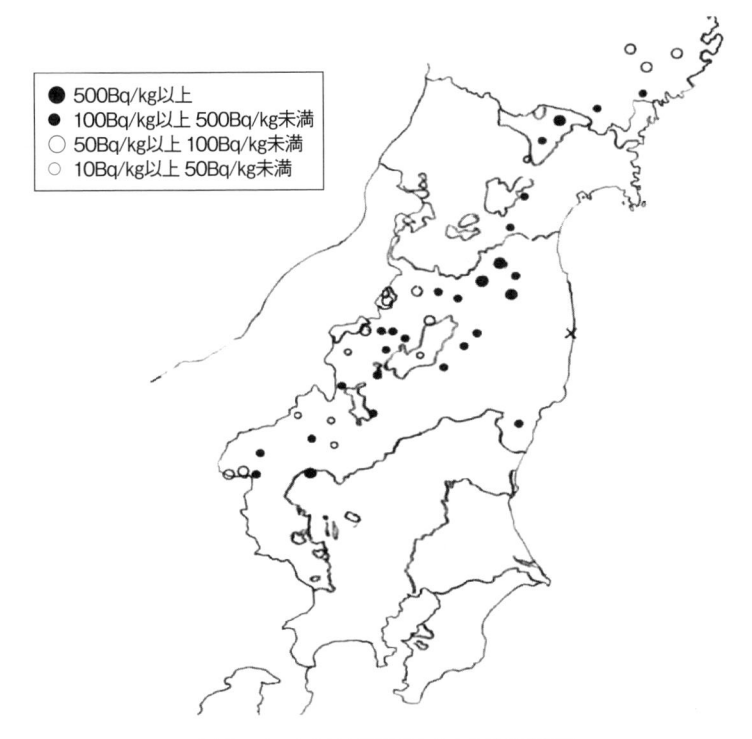

図2　イワナの各市町村別セシウム最大計測値

ヤマメ

生息水温で棲み分けイワナより下流の渓流にいる。ヤマメの産卵繁殖期は秋から冬ということもあり、漁や釣りの解禁がおおむね3月から9月までの時期になっている。4月1日から解禁の福島県、茨城県も含めて2012年3月からほとんどの県でヤマメについてのセシウムの計測を行なっている。

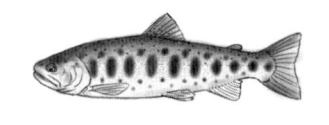

3月の市町村別平均値の分布状況を**図3**に示した。福島県でも茨城県でもイワナより低い中流域で計測値が出現しているのが、予想された通り顕著である。

特に福島県で高度1500m以上の阿武隈川の支流から南西方向の第一原発に向かって500Bq/kg以上の値が平地になっても連なっているのが目立つ。これについてはより詳細に第I部22章(69ページ)で見た。

また、福島県南部から茨城県にかけて100Bq/kg以上の計測値が4点連なるのは、高いところから西郷村(阿武隈川最上流)、久慈川水系(塙町と棚倉町)そして花園川(北茨城市)と水系は異なる。しかし、福島県の北西側の50Bq/kg以上100Bq/kg未満の計測値はほとんどが日本海に流入する河川でのものである。

秋元湖では一年で計測値が半減するが、近くの猪苗代湖では逆に倍増するというように計測値が充分でなくよくわからない。川では一年で5分の1程度に減少するが、計測値の多い栃木県では2、3月から5、6月にかけて3分の1くらいになる傾向がある。

- ● 500Bq/kg以上
- ● 100Bq/kg以上 500Bq/kg未満
- ○ 50Bq/kg以上 100Bq/kg未満
- ○ 10Bq/kg以上 50Bq/kg未満

図3 ヤマメにおける市町村別のセシウム計測値 (2012年3月計測)

ウグイ

　コイ科の淡水魚としては計測値が最も多いウグイは渓流から湖、そして平野部まで広く分布する。ウグイは沿岸域にまで下がるものもあり、ヨーロッパ特にフィンランドなどで淡水魚とされているものと似ている。

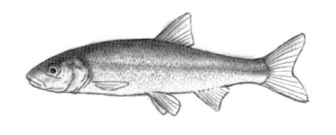

　湖での計測値は少ないので一年経っても増え続けるかまたは2012年3、4月が最大値を示すか明確ではない。川ではピーク時の2011年7、8月の4から5分の1に一年経って減少する。それは10市町村の阿賀川水系の小河川で散発的に計測された23のセシウム計測値の月平均値の変化で読み取れるが、2012年4～6月に郡山市で250Bq/kgという値も出現するのでわからないところもある。2012年2月から6月にかけて46と計測検体数の多い栃木県では、2012年の2、3月から5、6月にかけて半減する。

　市町村別計測値の最大値の分布状況を図4に示した。漁業や釣りで特別に重要視される魚でもないにかかわらずどこにでもいるありふれた魚ということもあって、市町村別計測値の分布図ではウグイが55地点と淡水魚中最も多い。10ベクレル以下の計測値が計測された市町村を加えても同様である。

　なお、500Bq/kg以上の区分では飛び抜けて大きな2500Bq/kgの2011年6月16日南相馬市真野川については、1000Bq/kg以上のおおきな黒丸で示した。コイ科の中ではその自然分布が北寄りになっていることもあって、岩手県における計測値が多い。

● 1000Bq/kg以上
● 500Bq/kg以上1000Bq/kg未満
● 100Bq/kg以上500Bq/kg未満
○ 50Bq/kg以上100Bq/kg未満
○ 10Bq/kg以上50Bq/kg未満

図4　ウグイにおける市町村別のセシウム計測値

アユ

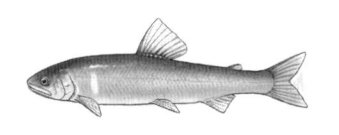

　日本を代表する淡水魚といってもよいアユは一属一種のサケ・マスのなかま。秋に川の中〜下流域で産み付けられた卵はふ化して稚魚となり沿岸域に下る。親魚はその後死ぬので年魚と呼ばれる。翌春稚アユとして川を遡る。川では川底の石に付着した珪藻類など付着藻類を餌とする。そのため独特のさわやかな香りがするため香魚とも呼ばれる。

　5月から10月までアユが川に姿を見せる時期に福島県内の河川で計測されたアユのセシウム量についての経日変化を**図5**に示した。

　真野川と伊達市内の阿武隈川で1000Bq/kgを超える計測値が得られている。西斜面を流れ下る福島市内の阿賀川のように100Bq/kgを越えないところもある。両方を同時に比較できるようにたて軸は対数目盛とした。

　5月末に平均380Bq/kgにあったいわき市夏井川では8月10日には18.5Bq/kgに低下している。しかし、9月14日に119Bq/kgが計測されもする。そして、夏井川では2012年6月13日65Bq/kg、7月4日41Bq/kgが計測される。福島県の他の3川を含めて図の凡例の右に示した。

　2011年5月から4ヵ月のセシウム137等による汚染を全く経験していないこの春、海から自然遡上して来たアユや、池中養成されたり琵琶湖をはじめ西日本各

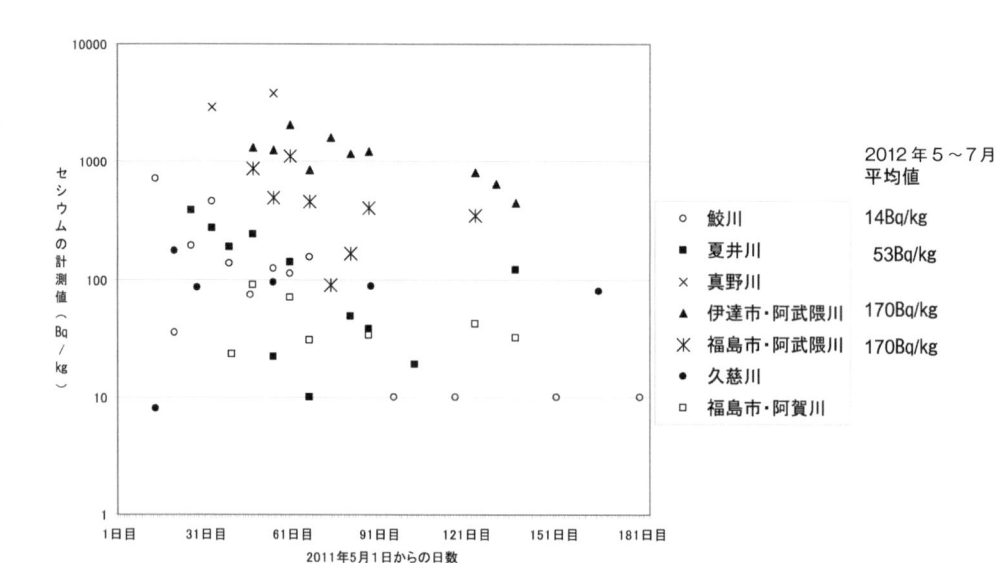

図5　福島県内6河川のアユにおけるセシウム計測値の経日変化

地から移殖放流されたアユが、2012年5月から7月にかけて再びセシウムによる汚染が計測されるのは、どういうことだろうか。

そこで福島県以外の県についても2011年6月の計測値のある市町村（河川）をまとめて検討してみた。昨年の計測値が高いと今年も相対的に高いという傾向も見えなくもないが、そう単純ではないようだ。

基本的にアユの場合、消化管内容物（食べた餌）を含めて全体として丸のまま計測しているので、餌となっている付着珪藻類などのセシウム量に対応してアユの計測値は出ている可能性がある。まだ汚染しているコケを食べたことによるアユの体内に蓄積したセシウムと、消化管内のコケのセシウムの両方を計測した結果といえる。この点については霞ヶ浦のアユとの関連で第4章でもう少し検討する。

図5に見られるように、5月から10月までの夏をはさんだ半年、アユのセシウム計測値は6、7月にピークをむかえゆるやかに減少してゆく。そこで市町村別の5月から10月までの平均値を求めて図6に示した。ここで特別に高い値を示す真野川と伊達市阿武隈川は1000Bq/kg以上として区別した。

福島県から新潟県にかけての北西斜面を流下する阿賀川流域では、100Bq/kg未満ではあるが細かく計測されている。ウグイと同じように広くむしろさらに平野部まで計測値が分散しているが、福島県中通りから栃木県北西部にかけてウグイと異なり計測地があまり見られないのは、これまでの4種中ではアユが最も下流域でよく利用され関心をもたれているということかもしれない。

図6　アユのセシウム計測値における2011年5月から10月までの市町村別平均

そしてアユの場合、4種の中で最も南、伊豆半島までセシウムの10Bq/kg以上の値が計測されているのは、東北地方は自然分布の北限に近く、本来南西日本の淡水魚であることによるのだろう。

チェルノブイリ原発事故の際には、アユのように付着藻類専食の淡水魚の放射能については全く研究されていない。陸上で食用に利用される動物としてトナカイのなかまがコケや地衣類を餌としているということで、トナカイとコケ類などとの食う食われるの関係に焦点を絞った研究が多い。

アユについても水産研究総合センターの内水面チームが昨夏から始めた付着藻類に関する調査研究をこの夏もさらに深めるようだが、アユのなわばりとも関係するこの付着藻類の研究は放射能計測についてはいろいろ困難なことがある。あまり細かく突っ込まないで、大きく総合的に把握する調査方法があるのかもしれない。

4種の100Bq/kg以上の出現地の分布の比較

これまで種類別にセシウムの計測値の出現状況を見てきたが、それら4種の100Bq/kg以上の計測値の出現地の分布状態を較べてみる。**図7**

イワナは4種中一番高地を群馬から岩手にかけて東日本の背梁部を途切れることなく帯状に東北方向へ延びている。

ウグイはイワナより低いところを時に一部福島北部や岩手南部でイワナ域まで上昇拡大しながらやはり東北方向へ延びている。

ヤマメは福島北部や群馬でイワナと重複するが基本的にそれより下流域の地域に3ヵ所で拡大している。なお、群馬県の南西部ではほんの一部新潟県側の斜面に出現している。

アユはウグイより低いところで似たような出現地の分布を示している。

これら4種の計測値の分布はどのようにして形成されたのだろうか。そこにおいて次の三項目が重要と考えられる。

①放射性セシウムが福島第一原発事故の後、気流や降雨によってどのように地表に降り注いだかという分散・分布・沈着の実態。

②それらの放射性セシウムが河川とその集水域（森林や農地の存在状況が重要）に沈着後、河川水でどのように下流域へ流されたか。

③それぞれの魚種の分布域で、漁業協同組合や各県の計測担当者がいつ、どの河川で漁獲採集し計測するかによって、最終的に計測値として出現する。

例えば、アユでは、岩手県と群馬県では全く計測値が公表されていない。採集

調査を行なわなかったと考えられる。そのようにいろんなことを考えてこの分布図は見なければならない。その際に海の魚と異なり川の魚では短期的大移動は考慮しなくてよいようだ。

4 種間の相関

それでは同じ市町村内という同一地域内の河川で採集された魚種同士の計測値の関係はどうなっているか。同一地域だったら同じように計測値が高かったり低かったりするのか。

それを同一地点の魚同士の計測値の関係ということで回帰分析での R^2 を算出したところ、アユとウグイの関係が 0.880 と一番同一傾向が強かった。

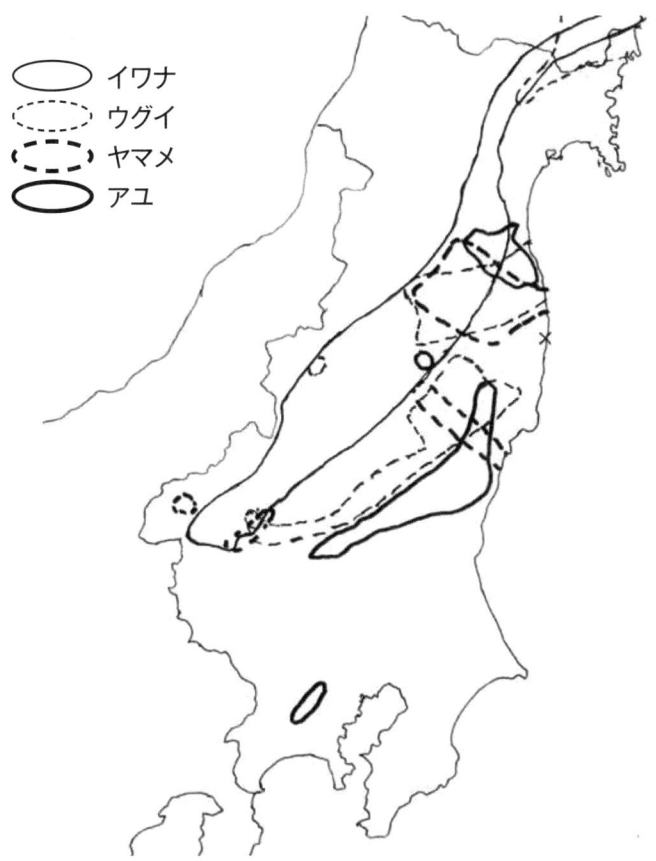

図7　淡水魚4種のセシウム計測値100Bq/kg以上の市町村の分布域

例えば福島県南相馬市では真野川のウグイが2500Bq/kgで、アユが3093Bq/kgと共に飛び抜けて高い値があるいっぽう、同じ県内山通りの会津若松市ではウグイが53Bq/kgで、アユが57Bq/kgと共に低かった。なお、会津若松市ではヤマメ50、イワナ80と4種とも同じようなレベルであった。
　いっぽう県北の阿武隈川沿いの伊達市では、イワナ360Bq/kg、ヤマメ945Bq/kg、ウグイ350Bq/kg、アユ1171Bq/kgと高いレベルでかつ3倍の開きもあるという傾向が見られた。これは、先に見た魚種ごとの計測値の分布の形成条件とは異なる。
　同一市町村内での各魚種の採集河川（本流か支流か、支流でもどれか）の違いや、それらの採集河川の組み合わせや採集時期の違いなど微細な採集条件によって、決まってくる。
　各魚種についてもまとめた計測値の数は1から、ヤマメの場合2012年3月で日光市の17計測値の平均値まで、イワナの場合福島市と喜多方市が共に7計測値の最高値まで、ウグイの場合鹿沼市の17計測値の最高値まで、そしてアユの場合は2011年5月から10月までの計測値25の平均値といういわき市まで実に複雑多様である。
　こういうこととどのように関係しているのかはよくわからないが、アユとウグイの関係に次いでアユとヤマメ、ウグイとイワナというのが同一地点で同じ傾向にある魚種同士の組み合わせのベスト3である。

8　濃縮係数

　水生生物について、例えばセシウムの場合、水中のセシウム濃度が 0.003Bq/ℓ の海で採集したスズキから 0.3Bq/kg のセシウムが計測されたら、濃縮係数は 100 ということになる。これはチェルノブイリ原発事故の後に日本のまわりで起ったことである。この場合は、遠くウクライナから偏西風で日本に吹き飛ばされてきたセシウムが日本の周りにほとんど同じように降ったので、どこの海で海水を測っても 0.003Bq/ℓ 前後の計測値であった。

　しかし、福島第一原発事故の場合は、原発周辺の濃い放射能汚染の海水はどんどん薄まりながら広い範囲に拡散していったので、採集した魚の濃縮係数は、同時に計測した採集点の海水のセシウム濃度がないと知ることができない。川は水の動きがもっと大きい。そこで川でセシウム溜りとしての底質を使えば、底質依存係数的なもので濃縮係数と同じ役割を期待できる。湖では水の交換率が分かれば、100ページで述べているように濃縮係数のもつ意味が生きてくる。また、濃縮係数は蓄積係数ともいわれるように、水中のセシウムを濃くして溜め込むというイメージがあるが、ある環境中にいる生物の体内にその環境中を動き回っているセシウムがどの位滞留しているかということで、生態学的半減期と関係づけて考えてゆくと、生物体と環境との関係の総体としての生態系において、セシウムがどうふるまっているかがわかってくる。

移行係数

　土壌中で生育する作物では、根を通して土壌中のセシウムが作物に吸収されたり浸み込んでゆく。土壌中のセシウム濃度に対する作物中のセシウム濃度の割合を移行係数という。例えば、土壌 1 キロ当り 1000 ベクレルのセシウム濃度の畑で栽培したサツマイモから 33Bq/kg のセシウムが計測されれば、移行係数は 0.0033 ということになる。ホウレンソウの移行係数は 0.00054 だが、事故直後大量のセシウムが沈着した地表ではホウレンソウの葉の表面に付着したので、計測値が高くなった。

底質依存係数

　アユのように底質のセシウム濃度にその生物のセシウム濃度がよく対応する場合は、0.22 という底質依存数を考えてもよいのではないだろうか。99 ページの**図 18** で回帰直線式の X の係数がそれにあたる。底質が乾燥重量であることと、付着藻類の混在率をも考慮に入れて検討する必要がある。

BOX

2章 ワカサギと霞ヶ浦の魚たち

ワカサギ

　発眼卵の移植で容易に増殖できるワカサギは食用や釣りの対象として好まれる大衆的な湖沼の魚の代表といえる。北海道の網走湖から島根県の宍道湖まで広く分布するが、福島第一原発からの放射能は図8に示すように岩手県の岩洞湖から山梨県の山中湖までその分布域の真中の部分を汚染してしまった。

　ただこの汚染はイワナ、ヤマメ、ウグイと異なって、図9に見られるように5月1日から5ヵ月程経つとセシウムの計測値が減少し始め、丸一年経過してワカサギの世代が交代すると大きく減少するが、その程度は湖によっていろいろである。

　桧原湖と霞ヶ浦はほぼ3分の1に低下するが、桧原湖と同じ地域にありそれに同調しそうなものだが、小野川湖と秋元湖では桧原湖より低く5月には4分の1から3分の1だったにもかかわらず、なかなか減少せず、一年経ってもピーク時の2分の1になるかならないかである。

　9月頃より計測されだした赤城大沼は最大値を示しながら7ヵ月経過しても半分にもならない。このような相異は水、底質それらに影響をうける餌生物等のセシウム量の変化が、すべての湖で同じとは限らないことを考慮すべきである。独立行政法人水産総合研究センターの研究ループが調査したワカサギの部位別の計測値で胃内容物が各内臓や内臓を除いた全体より2～3倍

● 500Bq/kg以上
● 100Bq/kg以上 500Bq/kg未満
○ 50Bq/kg以上 100Bq/kg未満
○ 10Bq/kg以上 50Bq/kg未満

図8　14湖におけるワカサギのセシウム最大計測値

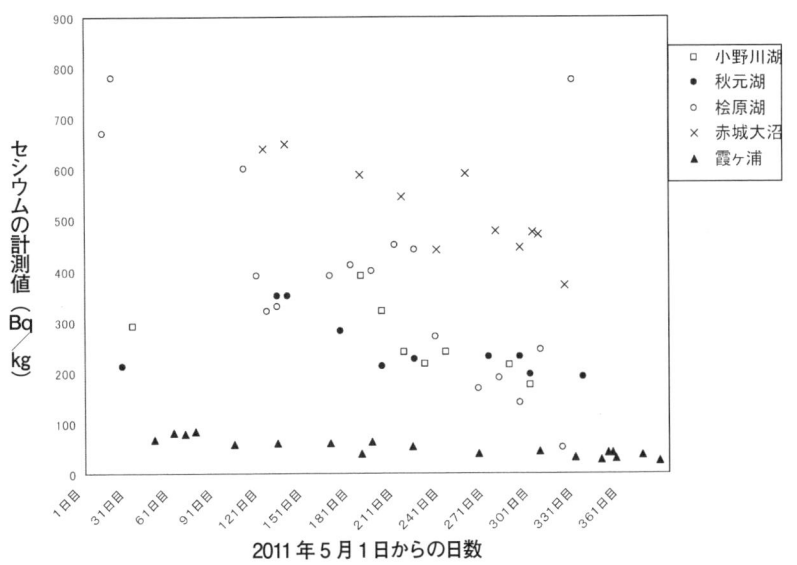

図9　五つの湖沼におけるワカサギ　セシウム計測値の経時変化

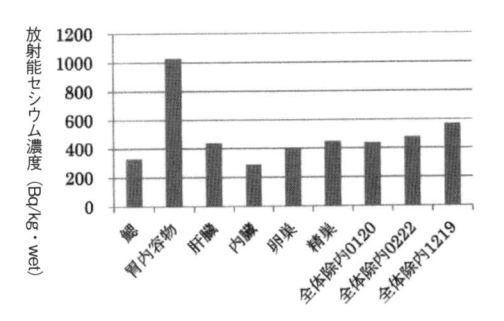

図10　ワカサギの魚体各部位別の放射能セシウム濃度（2011年11月27日赤城大沼採集）水産総合研究センター（2012）より引用

高い値を示していた。**図10**

これは海の魚で、2011年4、5月に、茨城、福島沿岸で漁獲されたイカナゴで異常に高い放射性物質の計測値が出たことに通ずる、セシウム137等のふるまいが関係している。

西浦と北浦のちがい

ワカサギの5湖における一年間の計測値の変化を示した**図9**において一番下の最底部分を這うようにしている霞ヶ浦は、赤城大沼や福島県北部の3湖に較べたら何も問題が無いように見えるが、低いなりにその内容はいろいろなものを含んでいる。

霞ヶ浦は西の大きな西浦と東の小さな北浦とからなっており、漁業の仕方や漁獲物組成も微妙に異なっている。また、裏表紙の東日本におけるセシウム沈着量でも微妙に異なっている。そのことが**図11**（次ページ）にもうかがわれる。

6万〜10万 Bq/m²の沈着量のあった地域に西浦の一部はかかり、またそのような地域からの流入河川が西浦の西部（土浦入）には多くある。しかし北浦は3万〜6万 Bq/m²の沈着量の地域のみが関わっている。

そのことは環境省が2011年9月と2012年2月に行なった公共用水域におけ

る放射性物質モニタリングの湖底の底質中のセシウム（Cs137とCs134）の測定結果からも読み取れる。西浦は計8回の計測値の平均値が514Bq/kg（乾）（221～1300）、北浦は計4回の平均値が392Bq/kg（乾）（130～1000）となっている。なお、第2回目の2012年2月には西浦が2.5倍、北浦が4.3倍となっていることが注目される。

　多くの河川のセシウムは2012年に入るとそのほとんどが海に流失してしまったため大幅に計測値が低下する。しかし、霞ヶ浦は常陸利根川に逆水門があるため水がめ化しており、貯まり続ける一方の状態といえる。そのような西浦と北浦のセシウム計測値の違いはそこに生活する魚類の計測値のちがいにも明確に表れている。

　2012年1月18日からワカサギ人工採卵のための張綱による特別採捕など採集され始めた9種の魚類の計測値の比較を**表1**にまとめた。

　ここでは一種も異なることなく西浦の計測値が北浦より高いということよりも、はっきりと、一般的に言われている食性で、消化管内容物調査をするまでもなく計測値のランクづけが出来ることに注目したい。ただ、その先入観で並べた2番目のウナギに対して、西浦ではギンブナが北浦ではゲンゴロウブナがより高い計測値を示しているのは理解に苦しむ。

　なお、西浦ではアメリカナマズとコイについて養殖ものも計測しているが、共に10.8Bq/kgと10.9Bq/kgと天然ものに較べ格段に低く、同レベルなのがおかしいといえばおかしい。同レベルなのは、共に原料が外国産の配合飼料を食べている

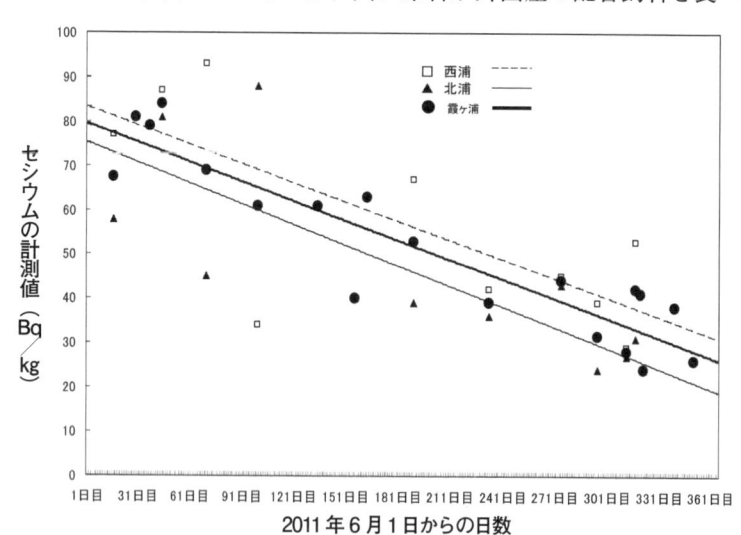

図11　霞ヶ浦（西浦と北浦）におけるワカサギのセシウム計測値の経日変化

表1 霞ヶ浦（西浦と北浦）におけるセシウム計測値（2012年1月18日より7月10日まで）

	西浦			北浦		
	平均値 Bq/kg	計測検体数	範囲（Bq/kg）	平均値 Bq/kg	計測検体数	範囲（Bq/kg）
アメリカナマズ	175	11	74-320	116	12	67-180
ウナギ	127	10	69-200	80	8	66-120
ギンブナ	138	5	99-190	77	11	51-110
ゲンゴロウブナ	91	7	53-115	84	3	52-104
テナガエビ	54	4	26-81	26	7	21-34
コイ	41	4	10-77	59	4	40-89
ワカサギ	38	15	26-53	32	11	16-43
シラウオ	37	7	ND-58	21	9	ND-39

ためと考えられる。ゲンゴロウブナは植物プランクトンを主な餌としているはずだが、昔霞ヶ浦ではアオコ除去のためにハクレンの網イケス養殖が検討されたが、ハクレンとゲンゴロウブナの役まわりはどうなっているのか。

　筆者が調査に霞ヶ浦に通いだした1970年代は、それまでワカサギとシラウオが漁獲物の中心だったのが、エビとゴロ（チチブ、ウキゴリ、アシシロハゼ、ジュズカケハゼ4種のハゼ類の総称）に変わってゆく時代だった。その後オオタナゴも含めて外来魚と呼ばれる、ペヘレイ、ブルーギル、ブラックバス、アメリカナマズ（チャンネルキャットフィッシュ）全盛の時代になり、ここ2～3年は、エビとゴロが減り、ワカサギ、シラウオの好漁が続いている。

　トロールによる乱獲と逆水門による富栄養化など水質変化で、まさに生態系そのものががらがらと大きく変わっている。そこに降ったセシウムに、霞ヶ浦に関わる人々は戸惑っている。

トッププリデーターとしてのアメリカナマズ

　ワカサギとシラウオが全盛の時代は逆水門もできておらず海からスズキが多数遡って来ており、これがまさにトッププリデーターであった。しかし今それに代わるのが、アメリカから養殖用に持ち込まれたアメリカナマズである。

　ひと頃よく釣れたブラックバスが最近はあまり釣れなくなった。このあたりの外来魚同士の食う食われるの関係とか、餌の競合関係については、セシウム137の転移と消長にからんで、これから10年どうなるか注目される。しかし、養殖だから大丈夫と、ニジマスと同じようにアメリカナマズの養殖がよりさかんになるかはよくわからない。

3章 マス類の湖とさまざまな魚たち

　日光市の湯の湖は周囲3kmほどの湖で流入河川はなく、湖底からの湯元温泉が主な水源である。そして湯の湖からの流出が12.4kmの短い流れとなり竜頭の滝を経て中禅寺湖に流れ込む。そのスプリングクリークといえる湯川は日本のフライフィッシング発祥の地として知られている。

　この湯川と湯の湖はともに農林水産省の試験研究水面として行政財産となっている。漁業権は設定されておらず、その管理が全国内水面漁業協同組合連合会に委託されている。

　そのこともあってか、水産総合研究センターの放射性物質影響解明調査事業で湯の湖と湯川のニジマス、カワマス、サクラマスなどが調査対象となっており、さらに今年の4月以降、水産総合研究センターが湯の湖と湯川で、栃木県農業試験場が中禅寺湖でマス類でセシウムの計測を行なっている。その公表された計測値を**表2**にまとめた。

　ニジマスとカワマスは北米原産の、ブラウントラウトはヨーロッパ原産の外来移入種であり、ヒメマスは国内移殖種である。ホンマスについては拙著『桜鱒の棲む川』（フライの雑誌社刊）で次のように紹介している。

　「中禅寺湖のホンマスは、その人為的な起源がはっきりしている。もともとめぼしい魚の棲んでいなかったこの湖に明治の初めにイワナが放流され、次いでビワマスやアマゴ（サツキマス？）そしてサクラマス、ヤマメと、サクラマスの仲間はほとんど全て放流されている。そしてこれらを人工授精して放流もしているので、

表2　湯の湖、湯川、中禅寺湖におけるマス類のセシウム計測値（Bq/kg）（2012年4月20日より7月18日公表分）

	湯の湖	湯川	中禅寺湖
ニジマス	15 (9)		105 (2)
カワマス	13 (8)		
ブラウントラウト		82 (22)	210 (3)
ヒメマス	17 (9)		167 (3)
ホンマス	14 (8)	37	

（　）は計測検体数

今はどんなことになっているのかわからない。一応中禅寺湖のホンマスは琵琶湖のアメノウオ（ビワマス）とサクラマスの交雑種とされている。海で獲るサクラマスをホンマスと呼ぶ地域もあるのでややこしい。」

　湯の湖から中禅寺湖にかけて多分10種類近くの〝マス類〟が生息している可能性がある。この計測値の表はその一部についてのものと考えたほうがよい。

　ただ、山上湖で、流入河川が無く面積が小さい湯の湖では、2011年暮れの環境省の底質の調査で50Bq/kg（乾）前後であるが、中禅寺湖では153Bq/kg（乾）となっているので、これらのマス類でもそれに対応している。なお、海のサクラマスについて今年6月に釜石市沖で4.1Bq/kg、日光市川俣湖のサクラマスについて7月に19Bq/kgが計測されている。サクラマスの河川陸封がヤマメであり、サツキマスの河川陸封がアマゴであるが、西日本のアマゴでは放射性セシウムは不検出である。

　外来魚といえば、原産地カナダのロウアーバスレイクで詳細に調べられているオオクチバスについて、2011年末、外来魚として駆除の対象となっている宮城県伊豆沼で1検体66Bq/kgという計測値が公表された。また、2012年の5〜6月にかけて日本のバス釣り発祥の地であり、漁業権魚種として認められている神奈川県の芦ノ湖で、5検体平均100Bq/kgが計測されている。

　また、ブラックバスには、オオクチバスの他にやや小型でどちらかと言えば流れのあるところに多いコクチバスがいる。福島県の桧原湖がその釣りで人気があったが、2011年5月にセシウムで10.2Bq/kgの計測値が公表されている。しかし、猪苗代湖で15.7、会津若松市（阿賀川）で93、福島市（阿武隈川）で139、そして桧原湖の近く秋元湖で330という計測値が2011年6月19日に公表されている。一年後の現在どうなっているかはわからないがウグイ、イワナ、ヤマメの計測値より低いようである。このあたりの理由はわからない。

　筆者は50年ほど前モツゴに関心をもち、上野の不忍池などで調査をしたことがある。そして千葉県手賀沼でも漁獲量が多く活魚として関西にイシモロコとしてキロ1500円で出荷されていた30年ほど前に、またモツゴを調査した。汚染度ワーストワンと言われた手賀沼でなぜモツゴが繁栄するのか。放流もされ自然繁殖もしているフナは増えないのに。それは、産みっぱなしのフナの卵は富栄養化といわれる懸濁物質（SS）が沈着して死滅してしまうが、雄親が口で吹いたり、鰭であおいだりして卵を保護するモツゴでは懸濁物質の沈着がなく、無事孵化するのではないかと考えた。

しかし、その後、合成洗剤中の界面活性剤のLAXの底質中の濃度が手賀沼は日本一と、環境省の調査が発表されだした頃より手賀沼のモツゴは減りだした。保護に熱心な雄親でも、目に見えない、臭いでもわからないLAXにはどうしようも無かったのかもしれない。
　2012年の4月6日、手賀沼のモツゴから110Bq/kgのセシウムが検出され出荷停止となった。もし懸濁物質のセシウムが1000Bq/kgあったとしても、親魚が吹き払うし、沈着したわずかの量のセシウムは **BOX2** で見た、卵に異変を起すレベルとはほど遠い。雄親にとってはどうでもいいことだが、人が食べるのを拒否することはどうしようもない。
　2011年12月に福島県郡山市で養殖モツゴから119Bq/kgのセシウムが計測されたのに対して、同じ11月に手賀沼の天然モツゴで115Bq/kgという計測値が公表されているが、これには驚くと同時にわけがわからず困ってしまう。
　わけがわからないことの一つに、郡山市で天然ものより養殖もののモツゴ（養殖もののモツゴがあるということもよく理解できないが）のセシウム計測値が、大きいということである。たしか西浦ではコイで養殖ものが天然ものより低かった。この点を他の地域のコイでも比較してもその傾向は変わらなかった。しかし、郡山市では養殖のコイについての2011年7月から8月の3計測値が平均42Bq/kgであった。また、西浦では2012年3月に養殖のギンブナで97Bq/kg、養殖のゲンゴロウブナで92Bq/kgというセシウムの計測値が公表されている。
　餌がもらえず、イケスや構造物の付着有機物や、底泥というセシウムのたまりやすいものを食べていたとしか考えられない。

9 生態学的半減期

　Cs137という放射性物質（放射性核種ともいう）は放射能（放射線をだす性質）をもち、不安定なため余分のエネルギーをそれぞれの半減期で放射線の形で放出（崩壊）し、より安定な核に落ち着く。Cs137ではこの半減期が30年（30.17年）、Cs134が2年（2.062年）、そしてI131（ヨウ素131）が8日（8.04日）というように物理学的に確定している。

　これを参考にしたのか、ある生態系の中である生物のCs137が1000Bq/kgであったものが7ヵ月で500Bq/kgになったとすると7ヵ月を生態学的半減期と呼ぶ。36ページにあるマスの生態学的半減期の図でもわかるように、物理学的に30年なら30年と確定している半減期とは異なり、環境と生物の関係の変化に応じて生態学的半減期は時間と共に生態系におけるCs137とマスとの関係が変わるにつれて変動してゆく。すなわち1980年代後半には4年前後の生態学的半減期が1996年には10年となってしまった。これは34ページの図1の1990年代の長期低迷化傾向がほとんど固定的になってしまうということである。

　どうしてこうなるのか。①水中のカリウム量（海水＞汽水＞淡水の順で多い）が多いとそれと水中でのふるまいとの関係でCs137の体内に滞留する量が少ないこと。（それゆえ淡水魚の濃縮係数が海水魚より大きくなる。）　②その魚が生活する水体にどれだけセシウムを含む水の流れが滞っているか。　③どのようなセシウム濃度の餌を食べているか。　④そしてそれらを総合した魚の環境との関係の持ち方。そういったことが関係し合って起った結果としての計測値を観測して生態学的半減期は結果として得られる。

　しかし、自然の生態系では①から④を量的に把握するのが困難でそう簡単にはゆかない。そこで、この本では濃縮係数などにこだわらず川や湖沼にいる魚の計測値をもとにいろいろ考えている。そして逆にその計測値に事実の時空的関係を考慮して淡水魚はどのように放射能に汚染したか、そしてこれからどうなるかを考えている。その際にチェルノブイリ後に観測された生態学的半減期が参考になる。

　なお、生物学的半減期というものもあるので注意を要する。放射性セシウムは魚体内に吸収同化されやすく、体外に排出されるのは時間がかかる。生物学的半減期は飼育条件（餌のセシウム濃度も含めて）を一定にした実験でしか求められないものだが、魚体を一つのシステムというかブラックボックスと見立てた実験といえる。飼育水から体表と鰓を通して餌と共に取り込むセシウム量と体外に排出されるセシウム量をチェックしながら、体内に滞留するセシウム量を計測してゆくという、50ページにみられるような空恐ろしい実験である。ある特定の実験条件でしか生物学的半減期は得られない。

BOX

4章 生態系としての問題

環境中のセシウムの流れと溜り

　2011年3月から4月にかけて東京電力福島第一原発から噴き出したセシウム137やヨウ素131の人工放射能は、気流と雲により流れ、降雨として地表や水面に沈着したものが多い。**図12**に見られるように、淡水域に流入したものは水とSS（懸濁物質）と底質との間を循環するものもあれば、淡水域にとどまらず海洋へ流出してしまう放射性物質の流れもある。

　今回の福島第一原発の事故で環境中に放出された放射性物質の、5分の4近くが海に流れ込んだという指摘もあるが、これからの2〜30年間に陸上系、淡水系を経てゆっくりと海へ流れ出してゆく流れもあるが、その量的把握は難しい。ただし、陸上系の土壌や淡水系と海洋系の底質は、そのような放射性物質の流れにおける溜りとなっているので、そこでの存在量を継続的に計測することは重要である。

底質という溜り

　環境省の河川、湖沼、水源地など公共用水域におけるモニタリング事業［**図13**参照］で、底質として計測されているのは湖底、川床を構成する堆積物のことで、

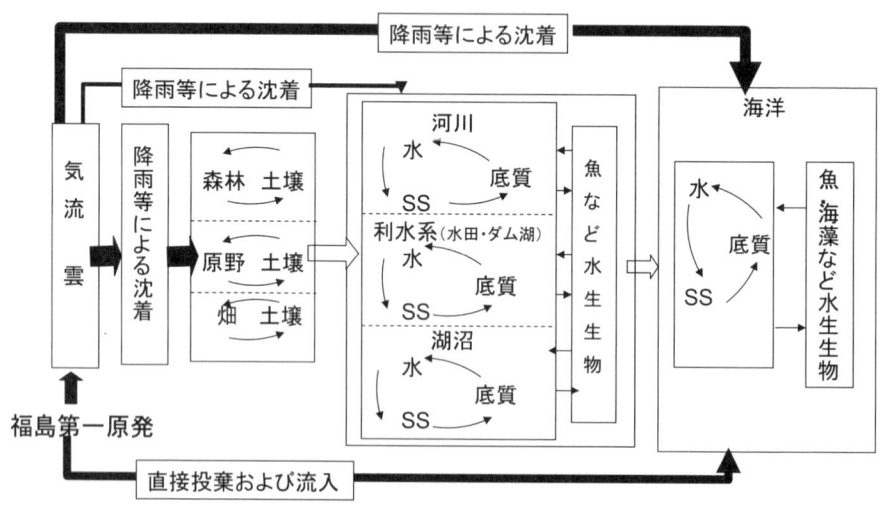

図12　放射性セシウムの生態系中の流れと溜り
（流れを示す矢印の黒は量的把握がある程度行なわれている。白は今後も継続し次第に明らかになる。）

淡水域を研究する陸水学ではsediment（沈殿物、沈積物）やdeposition（堆積又は沈殿物）と呼んでいる。

これはどのような重さや大きさ（粒径）の鉱物や有機物より構成されているか、すなわち、礫、砂、シルトなど種類別粒径別構成比が問題となる。環境省のモニタリング調査で底質関連で軟泥率という調査項目があるのは、このことと関連している。27ページで引用したダールガード編（1994）の中の〈2・3　湖の沈積物（sediment）中のCs137の分布と特徴〉をまとめているスウェーデンのブロベルグは、湖底の沈殿物中では粒径3〜4ミクロン以下の粒子が最もセシウム137と結びつきやすく、セシウム濃度が高くなるとしている。

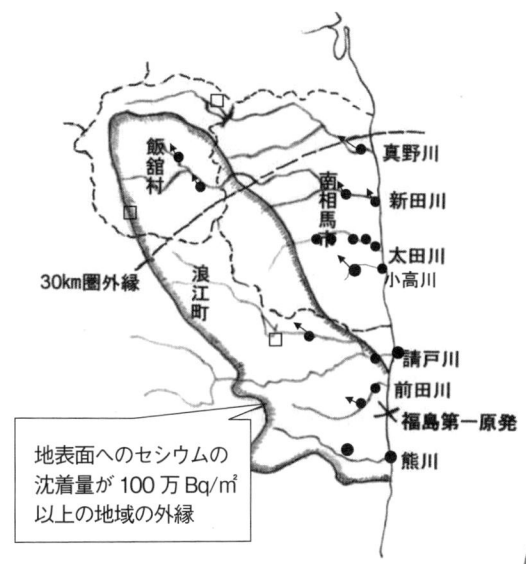

図13　環境省が底質を調査しているダム湖（□）と河川（●）の調査地点。なお　●　は本章で計測値を引用している地点

それでは環境省の調査した底質のセシウム濃度はどうなっているのか、**図14**に河川における季節変化を示した。上〜中流域での計測値が川の大小や底質濃

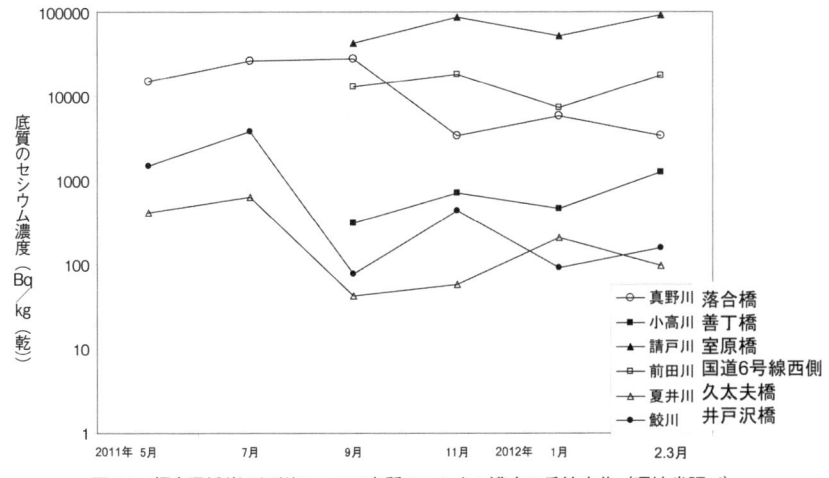

図14　福島県沿岸6河川における底質のセシウム濃度の季節変化（環境省調べ）

度レベルに関係なく、高汚染地域の川は2011年から2012年の2、3月にかけて、再び増加し始めるきざしが見られる。ただこの2河川の2011年5月と7月の濃度は真野川などの濃度を考えれば、10万ベクレルを超えていた可能性がある。

　なお、この季節変化は河川の生物の活動とも関係しているので、次の川の魚のくらしとの関係で再度考えてみる。**図15**に見るように底質のセシウム濃度の季節変化も、川の流程のどこで見るかによって異なり簡単ではない。また、底質採集地点最寄りの土壌の上の空間線量は土壌のセシウム濃度に対応しているが、底質も同様の傾向にあるのは意外であった。上流からの土砂より、すぐ近くからの土砂の流入と対応しているのだろうか。

底質と魚の生活
海：　へばりつくか、回遊するかしないか

　海の魚の放射能汚染についてはこれまで『放射能がクラゲとやってくる』(2006年)、「海のチェルノブイリ」(2011年『世界』6月号)、「まぐろと放射能」(2011年『世界』9月号)、『ハンディ版食品の放射能汚染』(宝島社　2012年3月の第2部安心な食材を選ぶための海産物100種カード)にまとめたが、本書との関連でいくつかのことにふれる。

　海への放射能の直接投棄と流入が大量にあった福島県の沿岸のような状況は、ウクライナの冷却池の淡水魚で起っている。しかし小さな冷却池と異なり海は広大で、気流に乗った分と海流で運ばれたものと、そしてクロマグロに運ばれたセ

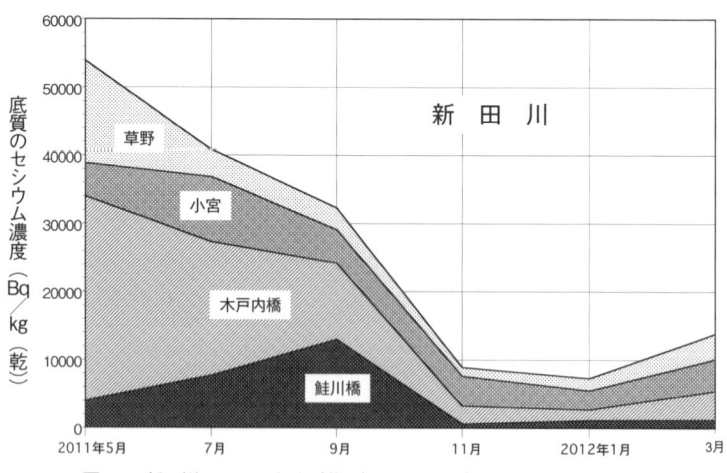

図15　新田川における上流（草野）から下流（鮫川橋）での底質のセシウム濃度の季節変化（環境省調べ）

シウムは、次々とアメリカ西海岸のカリフォルニアに到達している。

最初にとんでもない高いセシウム濃度が計測されびっくりしたイカナゴについて、アユの底質との関係に気づいていた淡水魚の研究者が、イカナゴは海底に潜るからではと言っていたが、砂中での夏眠前、4、5月に1グラム前後のイカナゴの場合は、消化管中のプランクトンなどと共に1キログラム前後をミンチにして計測した場合、それはイカナゴの体内というよりは、表面についたセシウムを消化管中の微小生物とともに計測している。10万を超す微小生物の表面積は膨大なものになる。まさに放射能にまみれている状態での計測値である。

セシウムの海水濃度が小さくなるとともに、アイナメ、メバル、カスベといった、低層に定着していて餌も底質中の生物に依存する魚のセシウム濃度が高くなり、今年の7月に入っても高いレベルでの横ばい状態が続いている。しかし、大型で魚食性の強いブリ、カツオ、マグロ、サメなどは大きく移動回遊しているため、始めからそんなに高い濃度にはならない。

川： 川床にへばりつく生活

今から47年前、筆者はオイカワの繁殖生態の調査の基本の環境調査として、東京都の秋川で1年間付着藻類（川床の表層5×5cm²を歯ブラシで擦り取る）と底生動物（30×30cm²の川底にサーバーネットを設置）の調査を行なった。**図16**

付着藻類は2月にピークとなり、以後減ったまま、水生昆虫が主である底生動物は3、4月がピークとなる。これは春先に水生昆虫が付着藻類を食べて繁殖したものを、5月に入るとアユやウグイなど川の魚が付着藻類や水生昆虫を摂食し続けるので、藻類も昆虫も増えては食われを繰り返し、増える間がないことを示している。環境省の底質調査で付着藻類の混在率をぜひ知りたいところである。さらには付着藻類のセシウム濃度も。

ここで底質のセシウム濃度と

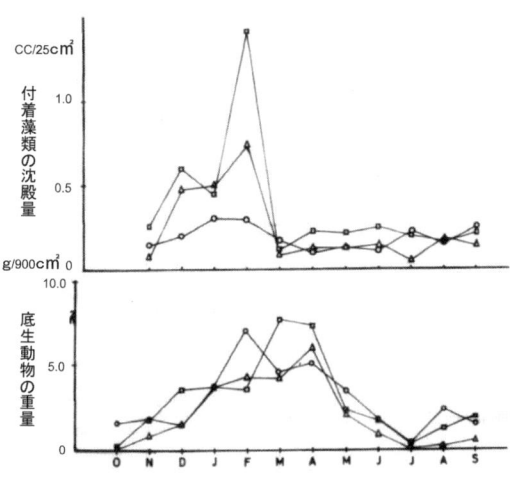

図16　1965年10月から1966年9月までの秋川の上、中、下流3地点における付着藻類と底生動物の現存量における月変化（水口（1970）より引用）

アユのセシウム濃度の関係を、**図17**で見てみる。

いわき市夏井川の上流に位置するこだま湖の底質のセシウム濃度は、土壌濃度が低下しているにもかかわらず逆にとび抜けて大きくなっている。しかし、夏井川の底質濃度値は少しずつ小さくなっているがなかなか下がらない。その底質濃度（乾）よりやや低いレベルで変動していたアユのセシウム濃度（湿）は、アユの世代が交代した今年になっても減少しないことは、すでに第1章（81ページ）でふれた。

その折の霞ヶ浦のアユについてだが、2012年初夏、茨城県つくば市桜川のアユで5月に52と64、6月に62Bq/kgのセシウムが計測されている。ところで霞ヶ浦の西浦のアユでは平成4、5年よりいわゆる湖沼での陸封化が観察されだし、西浦から桜川に遡上するようになっていた。そこで茨城県内水面水産試験場に尋ねたところ、2012年5月22日に採集した西浦産のアユ（体長10～13cm）の値が41.5Bq/kgあったという。西浦でプランクトンを餌にしていてそれなりのセシウム濃度が計測されていたものが、桜川に遡ったら20ベクレルほど上積みになった、それには消化管内容物のセシウムおよび、その体内へ移行したセシウムが寄与していると考えられる。

なお、桜川の底質は2011年9月58Bq/kg（乾）、2012年2月196Bq/kg（乾）である。夏井川のアユについてはいわき市沿岸の海のアユについて4、5月に計測してい

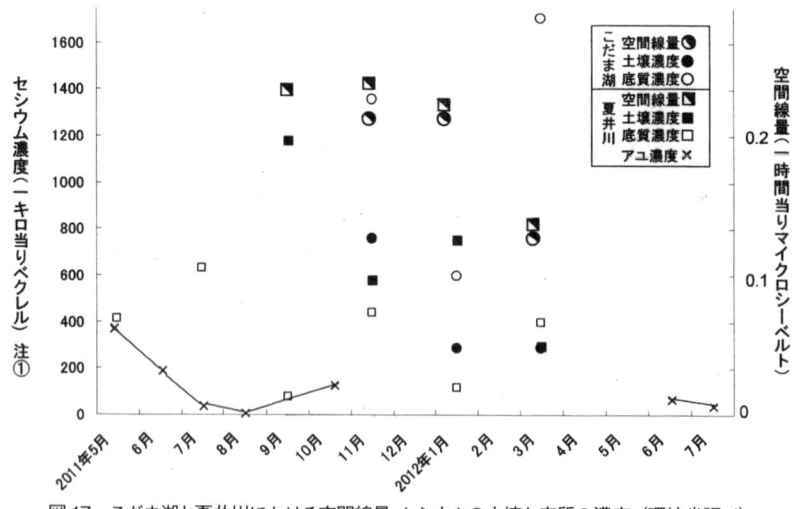

図17　こだま湖と夏井川における空間線量、セシウムの土壌と底質の濃度（環境省調べ）にアユのセシウム濃度（水産庁まとめ）を加えた。注①土壌と底質は乾燥重量、アユは湿重量

ないので、その辺のことはよくわからない。

第1章で見たアユのセシウム濃度と、環境省調べの底質のセシウム濃度を市町村別に平均したものとの関係を**図18**に示した。

11月17日に25000という請戸川の87000に次ぐ11月の福島県内で2番目の値が検出された（アユのみ計測値がある）湯川村の旧湯川、栗の宮橋の計測値を除いて直線回帰式を求めると、R^2 が 0.962 と異常に高く、底質のセシウム濃度が高いとそこのアユのセシウム濃度が高いという強い結びつきのあることがわかった。また**図18**の●で示した福島県のみの R^2 を同様にして求めると、0.982 ともっと強い結びつきが見られた。

農林水産技術会議のウェブサイトにある水産総合研究センターと福島県内3水試との共同研究による〈図3河川・底泥中の放射性セシウム濃度とアユ体内に取り込まれたセシウム濃度との関係〉の図では、R^2 が 0.583 となっている。ただし、同じ福島県内の計測値でも時空的な取り扱いが異なっている。ただその調査ではアユのいない川の底質のセシウム濃度は高いという知見も得られている。

ウグイはやや弱いが同様の傾向が見られた。**図19** イワナとヤマメではそのような関係がほとんど見られなかった。

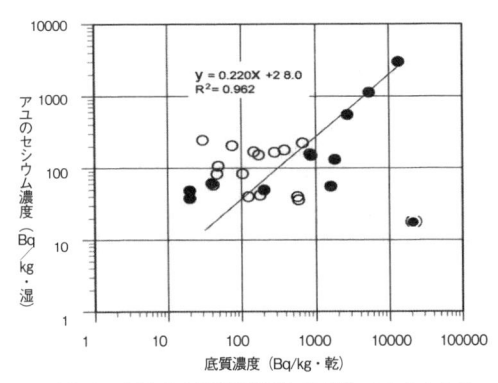

図18　各地の市町村別底質（河川）のセシウム濃度（環境省調べ）と市町村別アユのセシウム濃度　●は福島県

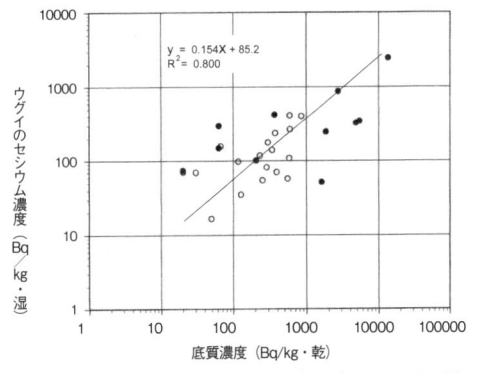

図19　各地の市町村別底質（河川）のセシウム濃度（環境省調べ）と市町村別ウグイのセシウム濃度　●は福島県

湖沼：　溜り水での生活

湖沼でのワカサギと底質とのセシウム濃度の関係はどうなっているのか。

表4にまとめた10湖については、底質のセシウム濃度と2012年のワカサギのセシウム濃度においてR²=0.625というウグイよりももっとゆるい関係が見られる。他の諸要因との関係はサクセーン他4名（2010）〈小さな森の湖の魚へのCs137の移行〉『環境放射能』誌101：647－653、などを参考にして、これからの調査研究が求められる。

サクセーンらは、集水域（drainage）からの流入水が主水源の貧栄養で茶色い水のdrainage lakeでは、水の湖内での滞留は1年以下で濃縮係数は年率9％で減少した。いっぽう降雨と地下水を水源とする、貧栄養で清明な水のseepage lake（湿潤湖）では水が3年以上滞留し交換が少なく、濃縮係数が年率4.3％で増加した。セシウム137の溜り水となっているのかもしれない。

まみれる暮らしから、底質に依存する暮らしへ、そして

環境省が2012年7月2日に発表した〈平成23年度水生生物放射性物質モニタリング調査結果（冬季調査）〉の意図は明確にされていないが、栄養段階を通して河川や湖沼でセシウムが魚の間でどのように移行しているかを検討できる、初めての調査といえる。その調査結果に水産庁がまとめたアユとウグイの計測値について、第1章で用いたものを加えて**表5**を作成した。

まず、真野川水系において底質中のセシウム量が、湖沼の方が河川よりはるかに多いことに気がつく。そして、魚類のセシウム濃度がアユ、ウグイ、シマヨシノボリ、そしてバスで高いことに注目したい。

表4　10湖における環境（土壌と底質）およびワカサギのセシウム濃度（環境に関する計測値は環境省調べ）

		福島			群馬			栃木		茨城	
		秋元湖	小野湖	桧原湖	赤城大沼	草木湖	梅田湖	中禅寺湖	川俣ダム湖	西浦	北浦
全水深(m)		32	15	21	18	49	30	8	71	4	5
Cs土壌濃度(Bq/kg・乾)		1390	1635	1140	560	1140	550	850	390	142	442
空間線量（μSv/h）		0.21	0.25	0.23	0.15	0.19	0.10	0.22	0.09	0.12	0.10
SS（mg/L）		2	3	5	2	3	4	1	8	15	15
含泥率（％）		36	25	19	15	40	26	47	29	46	40
Cs底質濃度(Bq/kg・乾)		1230	169	555	1260	1009	100	153	49	524	395
Csワカサギ濃度(Bq/kg・湿)	2011年	262(6)	283(6)	460(14)	568(6)	115(2)	116(2)	175		68(8)	61(7)
	2012年	212(4)	144(2)	161(6)	467(9)				14(2)	38(15)	29(12)

ワカサギのセシウム濃度（水産庁まとめ）は平均値で（　）内の数字は計測検体数

まず、4つの河川と湖で計測されているウグイは、アユとともに底質と対応しているようだが、湖での計測値が川ほどには底質に対応していないことがわかる。湖のウグイは底質依存という点において、食性も生活も川でとは異なっているようである。

　シマヨシノボリが真野川でアユとウグイの間の計測値であったのには驚いたが、付着藻類など底質に依存するその生活を考えれば納得がゆく。はやま湖のカワヨシノボリの計測値は、ヤマメのなんと7倍強である。ヤマメに食べられてもおかしくないのに、どうなっているのであろうか。

　魚食性が強いと言われている両方のバス類は、それなりに高い値を示しているが全国のバス類の少ない計測値を見ても、この値は高止まりというより今後も上昇し続ける可能性がある。それが福島沿岸の海でもチェルノブイリ後のヨーロッパでも見られる、魚食魚の特性である。

　秋元湖のワカサギは、2011年の9月には350Bq/kgの計測値を2度続けて出し、2012年の3月には191Bq/kgを出し、減る傾向は見られるがゆるやかである。89ページの**表1**に見られるように、霞ヶ浦ではワカサギはアメリカナマズの4分の1近くの35Bq/kgであるが、昨年の5月にはその3倍近くあった。海のイカナゴとはやや異なるが、放射能汚染水にまみれる魚と言えるかもしれない。

　結局、まみれる暮らしの魚から、底質に依存する魚（川ではアユ、ウグイ、ヨシノボリなど、湖沼ではウグイ、ギンブナ、ヨシノボリなど）へと、魚へのセシウム蓄積の中心は移行してゆき、現在は魚食性の魚で増加中ということである。

表5　環境省水生生物放射性物質モニタリング調査（2011年12月〜1212年1月）によるセシウム濃度（Bq/kg・湿）。底質は公共用水におけるモニタリング調査による（Bq/kg・乾）。（　）付のアユとウグイについてはすでに用いた水産庁資料による。

		阿武隈川 1)	真野川	はやま湖 2)	秋元湖
底	質	310 (5月)	5800 (1月)	39000 (1月)	2020 (11月)
粗粒状有機物		1120	1140	800	
水生昆虫		330	670	520	ウチダザリガニ　180
魚類	アユ	565 (平均値)	3093 (平均値)		
	ウグイ	880 (最大値)	2500 (最大値)	1010	420 (最大値)
	その他	コイ　155	シマヨシノボリ　2600	カワヨシノボリ　660	ワカサギ　290
		コイ　350	アユ　190	ヤマメ　91	イワナ　330
		コクチバス　680	オイカワ　600	オオクチバス　790	オオクチバス　470

1) 支流摺上川の阿武隈川に合流する前の大正橋付近
2) 真野川上流で飯舘村にある真野ダムの別称

5章 どう考えればいいのか

チェルノブイリの長さと福島の短さ

　26年前のチェルノブイリ原発事故については、それから20年間の淡水魚の放射能汚染の研究結果が報告されだしている。18ヵ月前に起った福島第一原発事故の淡水魚の放射能については、16ヵ月の調査結果が公表されている。

　東日本太平洋側の魚と放射能について、水中で細粒食をしていて放射能にまみれる小型魚から、底質依存の魚へと水中に流入したセシウムの滞留している魚の主体が移行し、魚食魚へのそれがこれから移ってゆくという傾向が見られるのは、淡水でも海水でも同様である。

　ただ、時間が経過したせいか、チェルノブイリ後の淡水魚と放射能の研究で、1年以内に起ったこの細粒食をしている小型魚が放射能にまみれる状態の計測値や指摘に関する研究報告は、あまり目にしない。その代わり、福島県を中心にこれから起る、魚食魚における高濃度の計測値が維持されるという研究報告はヨーロッパに多い。

低線量の内部被曝

　チェルノブイリ原発事故の時より、日本一国としては海水魚と淡水魚については膨大な量の計測値が蓄積された。これは人々や政府が魚の被曝を心配するがためのものではなく、その魚が食べられるか、食べられないかということに関心があるためと考えられる。それは食べものを通しての内部被曝について一人一人がどのように考え対応するかということである。

　しかし、広島、長崎、ビキニマグロ、その後の核実験そして原発と続く放射能汚染の問題について、アメリカと日本の戦争と「平和」のために核の利用にまい進する人々は、一貫して内部被曝の問題を、核利用の妨げになるとしてないがしろにしてきた。2011年の6月6日に、6月8日の国際的な海の日を前にしてドイツの公共テレビ局ZDFが海の放射能について取材に来た際、私は〝原発推進ボケの日本政府は国民の健康や生命のことを何も考えていない〟と発言したが、1年以上経った現在、その感はもっと強くなっている。

　淡水魚の調査がほとんど見られないベラルーシやウクライナで、政府が規制す

るにもかかわらず、子どもたちの内部被曝の症例が次々と報告されることに、私たちはもっと気がつかなければならない。

　海水魚について食品の放射能汚染完全対策マニュアルをまとめた中で考え抜いた末に、〝子どもには、1回の食事で1ベクレルたりとも放射能を含む魚を食べさせない方がよいのでなないか〟という結論に達し、実際には1kg当り10ベクレル以下のものを選ぶことを提案した。長年にわたり、沿岸漁船に乗せてもらい、漁業者と共に環境問題を考えて来たものにとっては辛い発言である。

　2011年9月に漁船や漁具についての東電への損害賠償請求の相談に避難先から来られた福島県請戸の漁師たちも、原発をつくらせてしまったから仕方がないときっぱりとしていた。次の世代のことを考えて大きく変えるべき正念場である。

見方、考え方の大きな転換

　福島第一原発事故後、放射性セシウムが環境中に存在することによって、多くのことで深く考えさせられた。緑のダム、森林蓄積、有機農法、地産地消、身土不二といった、伝統的といわれる在来の暮しがエコロジーとして見直されているところに起った混迷に直面し、あらためて環境問題へのこれまでの視点の重要性を悟った。

　私たちは、種々の有害物質、危険物質といわれるものに対して、ふりかかった火の粉を払う、寄せつけない、避けるという対応をするのではなく、発生源であり火の元である火事を消すことが必要であるという、当たり前のことを再確認したのである。

　そのような考え方で、これまで、有機スズ化合物（TBTなど）の製造、利用の禁止、ゴルフ場、大規模ダム、火力発電所、原子力発電所の建設に反対することをやってきた。それは少数とはいえ、真っ当な暮らしをしている地域の人々の声に対応し共に行動することでもあった。

　第Ⅰ部では核へのかかわり方を通して、国または国家の有り様とそこで暮す人々の考え方も一部かいま見えた。そして本書全体を通して、原発の実態が見えてくるのと同じように、淡水魚の生活が新たに見えてきた。

　どう魚とつき合い続けるか、そして原発をどうするかの長い年月がこれから始まる。

おわりに

　中禅寺湖、大槌川、秋川、城沼、霞ヶ浦、手賀沼、野尻湖、安家川、気仙川、モツゴ、オイカワ、エビ、ゴロ、ワカサギ、サクラマス、ブラックバス。淡水魚から始まった調査研究の50年だったが、津波と放射能でその50年間に行った川や湖沼、調査した淡水魚がこのようなことになるとは思わなかった。

　本書をまとめる作業の中で、淡水魚の放射能について報告している2人の研究者にネット上で再会した。霞ヶ浦の放射能汚染をまとめられた浜田篤信さんは霞ヶ浦の環境問題に真剣に取り組まれる真摯で厳しい先輩である。46年ほど前、オイカワについて大阪で指導を受けた水野信彦さんの愛媛での弟子が、水産総合研究センター増殖研究所上田庁舎内水面研究部生態系保全グループ長、井口恵一朗さんである。井口さんは水産総合研究センターの事業「福島県ならびに隣接県内の内水面生態系における放射性物質の移行過程調査」の報告を現場で取りまとめている。オイカワ採集の旅の最後、オイカワ研究の大先輩中村一雄さんを訪ねたのは、46年前の淡水区水産研究所上田支所であった。

　放射能をめぐる人と魚と水の関係を知りたいと始めた世界の旅を終わった今、行ってみたいと思うのは森と小さな湖のあるムーミンの国である。

2012年8月7日　いすみ市　資源維持研究所にて
水口憲哉

著者略歴　水口憲哉（みずぐち・けんや）
1941年生。原発建設や開発から漁民を守る「ボランティアの用心棒」として全国を行脚し続けてきた。著書に『釣りと魚の科学』、『反生態学』、『魚をまるごと食べたい』、『海と魚と原子力発電所』、『魔魚狩り　ブラックバスはなぜ殺されるのか』、『放射能がクラゲとやってくる』『桜鱒の棲む川』、『これからどうなる海と大地』『食品の放射能汚染　完全対策マニュアル』（共著）など多数。千葉県いすみ市岬町在住。資源維持研究所主宰。農学博士。東京海洋大学名誉教授。国会事故調査委員会参考人。

淡水魚の放射能　川と湖の魚たちにいま何が起きているのか

2012年9月1日初版発行
著者　　　　水口憲哉
編集発行人　堀内正徳
発行所　　　(有) フライの雑誌社
　　　　　　〒191-0055　東京都日野市西平山2-14-75
　　　　　　Tel.042-843-0667　Fax.042-843-0668
　　　　　　http://www.furainozasshi.com/
　　　　　　魚イラスト：村川正敏　地図制作：(株)東京印書館
印刷所　　　(株)東京印書館

Published/Distributed by FURAI NO ZASSHI　2-14-75 Nishi-hirayama,Hino-city,Tokyo,Japan